U0149492

图解
超材料

李琦 编著

TUJIE
CHAOCAILIAO

化学工业出版社
·北京·

内容简介

本书通过对超材料领域的几个典型研究方向的讲解，对超材料的特点和应用做了一个简单的介绍。内容包括电磁隐身斗篷、负折射率超材料、光子晶体、电磁学超材料吸波体、声学隐身斗篷、声子晶体、负泊松比超材料、五模超材料、声学/力学超材料的加工方法及性能等。本书通过较为典型的模型和影响力较大的文献，结合个人的部分研究，对超材料中特征较为新奇、研究较为深入的几个方向进行了较为系统的阐述，旨在通过本书，能够使读者对超材料有一个直观的了解，也希望吸引更多的人投入到超材料的研究中。

图书在版编目（CIP）数据

图解超材料 / 李琦编著.—北京：化学工业出版
社，2023.11
（科技前沿探秘）
ISBN 978-7-122-44056-3

Ⅰ.①图… Ⅱ.①李… Ⅲ.①复合材料－研究
Ⅳ.①TB33

中国国家版本馆CIP数据核字(2023)第161388号

责任编辑：邢　涛　　　　　　　　文字编辑：袁　宁
责任校对：杜杏然　　　　　　　　装帧设计：韩　飞

出版发行：化学工业出版社
　　　　　（北京市东城区青年湖南街13号　邮政编码100011）
印　　刷：北京云浩印刷有限责任公司
装　　订：三河市振勇印装有限公司
880mm×1230mm　1/32　印张6　字数154千字
2024年3月北京第1版第1次印刷

购书咨询：010-64518888
售后服务：010-64518899
网　　址：http://www.cip.com.cn
凡购买本书，如有缺损质量问题，本社销售中心负责调换。

定　　价：69.80元

前言

　　超材料是近十几年才兴起的一个研究方向，它是一种新型的人工材料，它的等效性质主要依赖于它的单元结构而不是组成成分，因此，也被称为超构材料或元材料。通过人工设计的结构单元可以实现自然界材料不具备的超常的物理性质，因而其具有广泛的应用前景。

　　某些超材料的研究起源较早，但直到21世纪，超材料的名称才被提出并给出了系统的阐述。电磁学超材料是研究最早的超材料，左手材料和电磁隐身斗篷的提出，使得超材料得到了很大的关注，吸引了大批学者投入到相关的研究中，研究领域也在不断拓展，从最初的电磁学超材料，发展到声学超材料，后来又出现热学超材料、等离子体超材料、生物超材料等。在每个领域内，研究的内容也不断丰富，各种具有特异性质的模型不断涌现，并且不断有学者对已有模型进行改进和优化，超材料的研究已然成为科研领域的一大热点。

　　超材料一般具有超常的物理性质，这也是它们能引起人们重视的原因。相对于传统的电磁学（包括光学）介质的正折射率，超材料可以实现负折射率，使得折射波和入射波在法线的同一侧。传统的力学材料一般具有正的泊松比，超材料可以实现负的泊松比，即材料受拉时横向变粗，材料受压时横向变细。传统的固体材料一般都具有杨氏模量和剪切模量，可以支持压力波和剪切波的传播，而五模超材料虽然是固体结构，但可以在一定的频率范围内只支持压力波的传播，不支持剪切波的传播，而且五模超材料同时可以实现各向异性，即沿不同的方向，性质也不同。通过超材料还可以实现具有特异功能的器件，比如在电磁学、光学、声学、力学、热学等领域都提出了隐身斗篷的概念，不同领域的隐身斗篷的设计不同，基本原理是使（电磁／声／热）场通过隐身斗篷绕过中间的障碍物，而对外界的场不产生任何影响，如同在均匀的介质中传播一样。这样，只在科幻电影或小说中存在的隐身衣，理论上是可以通过超材料来实现的。

由于超材料的种类繁多，要在一本书中将超材料的内容讲全是一件不可能的事；有些内容过于复杂，也不适合初学者。本书希望通过性质特殊的几个典型的研究方向，对超材料进行简单的介绍，希望能够向读者普及超材料的相关知识并引起读者对超材料的兴趣。由于篇幅有限，超材料领域的一些前沿课题没有收录在内，对于志在超材料领域的研究者，后续可以查找文献，了解该研究领域的最新动态。

书中部分研究成果是在国家自然科学基金（52001046）的资助下完成的，在此表示感谢。同时，感谢大连海事大学徐之遐星海副教授对本书的审阅及提出的宝贵意见，感谢研究生孙笑妹、肖子非、龚飞龙、孔越对本书的校对工作。

由于作者水平有限，如有表述不当之处，敬请广大读者批评指正。

目 录

第1章　超材料简介

超材料的英文是 metamaterial，又被翻译为元材料、超构材料等。它的等效性质主要依赖于它的结构而不是它的材料组成。通过现有材料可以方便地制作出各种超材料，而超材料的结构改变，其性质也相应改变，因此，通过调节结构可以方便地实现对其性质的调节。

目前，超材料的研究已经渗透到了各个学科，有电磁学超材料、光学超材料、声学超材料、力学超材料、热学超材料等。鉴于超材料的优异性能，超材料的研究已经获得了越来越多的关注。左手材料和隐身斗篷分别被《科学》杂志评为 2003 年和 2006 年的十大科技进展之一。2008 年，《今日材料》杂志将超材料评为过去 50 年材料科学领域的十项重大成果之一。美国国防部在 2011 年将超材料和表面等离子体激元列为"六大颠覆性的基础研究领域"之一。而超材料的研究成果也逐步从实验室走向应用，给人们带来越来越多的便利。

超材料与传统材料的区别在于它的性质主要依赖于它的结构。虽然传统材料的种类繁多，性质也千差万别，但是传统材料的性质有一定的局限性，而超材料可以突破这些限制，获得超常的，甚至反常的物理性能。

以声学材料为例，声波在介质中传播的速度与材料的密度和体积模量有关。如果以等效密度（ρ_{eff}）和等效体积模量（B_{eff}）建立坐标系，所有可能的材料性质组合如图 1.1 所示，图中 v_{ph} 为相速度，R 和 I 表示相速度中的实部和虚部。传统材料的密度和体积模量一般都为正值，也就是位于图中的第一象限，它们为右手材料，声波向前传播。而超材料不仅可以实现（a）部分，还可以实现负的等效密度（b）、双负材料即左手材料（c）、负的等效体积模量（d）和零密度材料（e）等。单负参数的介质中为消逝波，它的幅值呈指数衰减，左手材料中的声波向后传播，而零密度材料则可实现高透射和无反射。这些超常的，甚至反常的物理性质又可以应用在具体场合得到具有优异功能的器件。

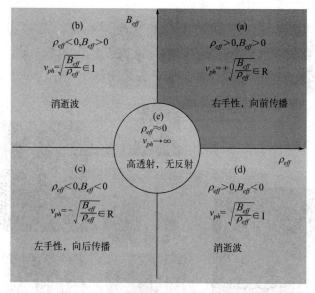

图1.1 等效密度和等效体积模量坐标系

1.1 何为超材料

材料是人类赖以生存和发展的物质基础。图 1.2 展示了人类使用的部分材料：从远古时期，人类就已经开始使用木材和石材制作工具，用于狩猎和生活；随着人类的进化和社会的发展，使用的材料也越来越丰富，可以使用黏土烧制陶瓷，能够冶炼出金属材料制作各种工具；到了近代，人们可以应用化学合成技术生产塑料、玻璃、复合材料等，而且人们对材料的探索一直没有止步，各种新材料不断涌现，如超导材料、碳纳米管等。

传统材料的性质一般会遵循一定的物理规律，比如光学材料一般都遵循折射定律，且折射率为正值（详见 2.2 节），力学材料一般都有正的泊松比（详见 3.3 节）。掌握这些物理规律，对我们认识材料很有帮助，然而也对人们使用材料增加了限制。想得到负的折射率或负的泊松比，就必须突破传统材料的制约，找到新的制造材料的方法，超材料应运而生。

动物材料

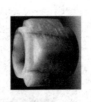

碳纳米管等新材料

玉器

功能材料

植物材料

复合材料

金属

石材

陶瓷

玻璃

塑料

图1.2 人类使用的各种材料

"超材料（metamaterials）"一词最初由美国得克萨斯大学奥斯汀分校的 Rodger M. Walser 教授提出，用来描述人工制造的、具有周期性结构的、突破传统材料性能的复合材料。此后，该词被广泛接受，所包含的领域也越来越广泛。不过，在此之前，已经有很多研究也属于超材料的研究范畴，比如说左手材料 (left-handed metamaterial)，也称为双负材料，它是苏联科学家 V G Veselago 在 1968 年提出的。当光波从具有正折射率的材料入射到双负材料（具有负的介电常数和负的磁导率）的界面时，光波的折射与常规折射相反，入射波和折射波处在界面法线的同一侧，因此也称其为负折射率材料。在这种材料中，电场、磁场和波矢方向遵守"左手"法则，因此称为左手材料。左手材料最初只是一个概念，在自然界的材料中几乎找不到，后来通过人工方法可以实现左手材料。左手材料就是一种典型的超材料。

尽管各种科学文献给出的定义各不相同，但一般都认为"超材料"是以人工结构作为基本功能单元的、能够实现自然材料不具备的超常物理性质的人工材料。有的超材料以所具有的性质命名，如五模超材料、左手材料、负泊松比材料等，它们由同一种单元构成；有的超材料以所实现的功能命名，如隐身斗篷、完美透镜等，它们大多是由多种超材料单元根据一定的规律排列而成。根据超材料可以实现功能的维度又可以将超材料分为一维超材料、二维超材料和三维超材料。一维超材料只能在一个方向上实现特定功能，二维超材料则只能在其平面内实现特定功能，三维超材料可以在三维空间上实现特定功能。

超材料的种类繁多，概括起来，超材料的主要特征包括：

①"亚波长结构"——超材料单元的尺寸远小于工作波长；

②"等效介质"的特征——超材料是由亚波长结构单元构成，其物理性质及参数可以通过等效理论来描述；

③"奇异物理性质"——超材料具有负折射率、负磁导率、负介电常

数等奇异特征，且这些特性大多取决于超材料的亚波长结构。

目前，电磁学超材料、力学超材料、声学超材料、热学超材料等超材料的多个分支发展迅猛，并且已经在多个应用领域崭露头角，其研究领域涉及电磁学、光学、固态物理、微波和天线工程、光电子学、材料科学、纳米科学和半导体工程等。

1.2　超材料的分类

超材料研究的领域众多，超材料的类型也千差万别，目前针对超材料也没有一个统一的分类方法。习惯上，首先从领域上将超材料分为几个大类，比如电磁学超材料、声学超材料、力学超材料、热学超材料等；然后再根据超材料的性质或功能进行细分，比如电磁学超材料又包含光子晶体、电磁隐身斗篷、负折射率超材料、完美吸波体等。超材料的几个大类及每个大类下的几种代表性的超材料如图 1.3 所示。

电磁学超材料的研究开始较早，从左手材料到隐身斗篷都是从电磁学领域开始的，光子晶体、完美吸波体等也是研究比较多的课题。电磁学超材料是针对电磁波工作的，电磁波的频率范围特别广，从无线电波到光波，再到射线，都属于电磁波。有时候也会根据电磁学超材料所工作的频段来命名，比如光学超材料、毫米波超材料、太赫兹超材料等。随着电磁通信技术的发展，传统的电磁材料已经难以满足人们的需要，具有更优异性能的电磁学超材料吸引了越来越多的目光，不断有新的成果涌现出来。

电磁波是一种波，声波也是一种波。电磁学超材料在不断发展的同时，人们也在想，电磁波可以实现的功能能不能借鉴到声波上，因此，声子晶体、声学隐身斗篷等声学超材料也被提出来。声波跟电磁波还是

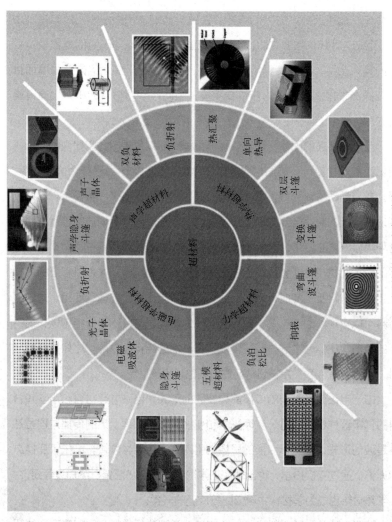

图1.3 超材料的几个大类及代表

有区别的，声波是一种机械波，需要在介质中才能传播，而电磁波在真空中也可以传播。电磁波在介质中的传播特性跟介质的介电常数和磁导率有关，而声波在介质中的传播特性跟介质的体积模量和密度有关。相较于电磁学超材料的双负介质，声学超材料也可以实现负的体积模量和负的等效密度，从而实现负的相速度。声波存在于生活的方方面面而且声波探测也是水下探测的最重要手段，因此声学超材料的研究也具有重要的意义。

自然界存在的固体材料一般都遵循一定的物理规律，比如说都有杨氏模量和剪切模量、正的泊松比（自然界也存在泊松比为零或负值的材料）等。在力学超材料领域，固体结构的等效性质就更多了。五模超材料可以实现在一定的频率范围内只支持压力波的传播而阻碍剪切波的传播，由于这种类似流体的特性，它也被称为"超流体"。自然界存在的固体材料，除了部分多孔材料可能会具有近似于零或负的泊松比外，大都具有正的泊松比，即当材料被拉伸时，横向变细，当材料被压缩时，横向变粗。力学超材料可以实现负的泊松比，而且可以人为设计超材料的单元结构以实现特定的负泊松比。力学超材料还可以具有其他的结构和性能，比如折纸超材料、隔振超材料等，力学超材料的研究也越来越广泛。

由于电磁波和声波的传播都是波动的形式，电磁学超材料和声学超材料的许多器件设计是基于变换光学和变换声学的原理。热的传播过程虽然不是波的形式，但坐标变换的思想也引入到了热传导领域，产生了变换热学理论。通过变换热学，也出现了热学隐身斗篷、热汇聚、热伪装等器件。热学超材料也成为超材料中研究比较广泛的一类。

除了上述几类超材料之外，还有其他类型的超材料，比如等离子体超材料、生物超材料等。此外还有超表面、拓扑绝缘体、可操纵或可重构的智能超材料等。对于每种类型的超材料，又会随着研究的深入，出现新的方向，比如由于转角石墨烯的优异性能而催生了转角双层光子／声子晶体的研究等。

　　本书将从电磁学超材料、声学超材料、力学超材料三个大类入手，选取性能特殊又便于理解的几种超材料进行介绍，希望能使读者对超材料有一定的了解。

第2章 光学/电磁学超材料

光波，通常是指电磁波谱中的可见光。可见光通常是指频率范围在 $3.9\times10^{14}\sim7.5\times10^{14}$Hz 的电磁波，其真空中的波长约为 $400\sim760$nm。光在真空中的传播速度为 $c=3\times10^8$m/s，是自然界中物质运动的最快速度。电磁波在生活中的应用越来越广泛，与人们的生活息息相关，比如在通信领域的光纤传输、手机通信等，在食品加工领域的光波炉等，在探测领域的雷达等。随着电磁波的应用越来越广泛，自然界已有材料的电磁性质已难以满足人们的需要，具有优异或反常电磁性质的超材料不断被提出，使得超材料在电磁学领域得到了长足的发展，已成为必不可少的材料。本章通过对电磁隐身斗篷、负折射率超材料、光子晶体、电磁学超材料吸波体的介绍，希望引起读者对电磁学超材料的兴趣，并关注电磁学超材料的发展。

2.1 电磁隐身斗篷

自然界有很多动植物为了保护自己进化出了保护色，它们具有跟周围环境一致的颜色而不易被发现。更有变色龙类的生物，它们能根据环境的变化调整身体的颜色，具有更好的保护作用。人们也根据保护色的原理制作了迷彩服等服装，可以进行伪装，但人们一直期待一种更高级的隐身功能，可以不受环境变化的影响。这种隐身功能在文艺作品中出现得较多，一种是获得了特异功能，另一种则是使用了某些道具，这类道具一般称作"隐身衣"或"隐身斗篷"，如果谁穿上或披上它，便可以隐身，不会被人看到。在小说《哈利·波特》中就有一件这样的斗篷，如图 2.1 所示，哈利·波特披上这件斗篷，只露出脑袋，身体则完全隐身了。

隐身斗篷原本是小说家们想象出的东西，而随着科研人员的研究探索，它的实现也并非不可能。本节将介绍一种可以实现电磁隐身斗篷的变换光学方法和在该领域内的一些研究探索。

图2.1 披上隐身斗篷的哈利·波特

需要注意的是，在生活中还会遇到一些"隐身名词"，比如隐身飞机等，它们其实是"低可探测技术"，即通过多种途径，设法尽可能地减弱自身的特征信号，降低对外来电磁波（如光波和红外线）的反射，达到与它所处的背景难以区分的程度，从而把自己隐蔽起来。这种降低特征信号的途径一般是散射和吸收，与本节所讲的内容不同，我们将在第2.4节介绍一下超材料吸波体的相关知识。本节所介绍的隐身斗篷，不会对电磁波信号进行散射或吸收，信号波在斗篷内的传播路径会改变，通过斗篷后电磁波将会沿原先的方向继续传播，在斗篷外的电磁波的所有信息跟电磁波在单纯的背景介质中传播时一样。

2.1.1 变换光学的原理

波状运动（如声、光等）借以传播的物质叫做这些波状运动的介质。声音的传播需要介质，在真空中无法传播。电磁波在真空中可以传播，在介质中也可以传播。

如果介质的性质与空间位置无关，即在研究的区域内各处的性质都相同，这种介质称为均匀介质或均质介质。如果介质的性质随空间位置而变化，这种介质称为非均匀介质或非均质介质。如果介质的性质不会因方向的不同而有所变化，即某一物体在不同的方向所测得的性能数值完全相同，这样的介质称为各向同性的介质，否则，称为各向异性的介质。

电磁波在各向同性的均匀介质中传播时，传播特性比较单一。当电磁波从一种介质进入另一种介质时，会发生反射和折射，进而影响电磁波的传播。而各向异性的介质则提供了另一种对电磁波控制的方法。

英国帝国理工学院的 J. B. Pendry 团队于 2006 年在《科学》杂志发表文章，提出了变换光学的方法，通过该方法设计出的各向异性的材料可以具有奇异的物理性质，比如可以应用该方法制作隐身斗篷。如图 2.2 所示，在原来的均匀介质中，用直角坐标网格表示空间，如图中 A 所示，如果对网格进行扭曲，得到图中 B 所示的网格，原来的空间中的一条射线就会随着扭曲的网格进行线路的变化。如果根据坐标变换推导出 B 空间的物理性质，就可以对电磁波的传输进行控制。

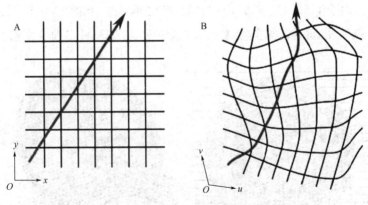

图2.2　变换光学的原理示意图

如果从原来的直角坐标网格到扭曲的网格进行坐标变换，得

$$x'(x,y,z),\ y'(x,y,z),\ z'(x,y,z) \qquad (2.1)$$

其中，(x', y', z') 为相对于 x，y，z 轴的新点坐标。新的空间的介电常数和磁导率需要相应的变化才能保证电磁波沿设计的路径传播。在坐标变换过程中的雅可比矩阵为

$$\Lambda = \begin{pmatrix} \dfrac{\partial x'}{\partial x} & \dfrac{\partial x'}{\partial y} & \dfrac{\partial x'}{\partial z} \\ \dfrac{\partial y'}{\partial x} & \dfrac{\partial y'}{\partial y} & \dfrac{\partial y'}{\partial z} \\ \dfrac{\partial z'}{\partial x} & \dfrac{\partial z'}{\partial y} & \dfrac{\partial z'}{\partial z} \end{pmatrix} \tag{2.2}$$

这样可以通过下列公式得到新空间的介电常数和磁导率

$$\varepsilon' = \frac{\Lambda \varepsilon \Lambda^{\mathrm{T}}}{\det(\Lambda)} \tag{2.3}$$

$$\mu' = \frac{\Lambda \mu \Lambda^{\mathrm{T}}}{\det(\Lambda)} \tag{2.4}$$

对于斗篷来讲，可以分为二维模型和三维模型，如图2.3所示，二维斗篷是对平面内任意方向入射的电磁波都可以实现隐身，三维斗篷是对三

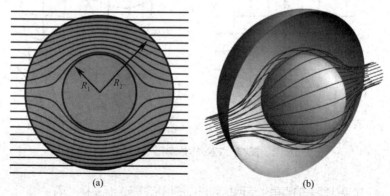

(a)   (b)

图2.3　Pendry提出的隐身斗篷的射线轨迹
（a）二维模型；（b）三维模型

维空间任意方向入射的电磁波都可以实现隐身。它们的主要思路是通过斗篷将中间区域包裹起来并引导电磁波从斗篷中绕过中间区域而传播，而电磁波从斗篷中出来时具有同在背景介质中传播时一样的性质。如果从斗篷外观察电磁场，则电磁波如同在单纯的背景介质中传播一样，斗篷和中间区域实现了"隐身"。

如果通过变换光学方法设计一个二维圆环形斗篷，需要先确定映射关系。如图 2.4 所示，将一个虚拟空间的圆（半径为 R_2）映射到物理空间的圆环（内径为 R_1，外径为 R_2），两个区域的外边界相同，物理空间的内边界对应着虚拟空间的圆心，如果沿径向进行线性变换，可得映射关系为

$$r' = R_1 + r\left(R_2 - R_1\right)/R_2$$

$$\theta' = \theta \tag{2.5}$$

$$z' = z$$

式中，(r, θ, z) 为虚拟空间的圆柱坐标，(r', θ', z') 为物理空间的圆柱坐标。

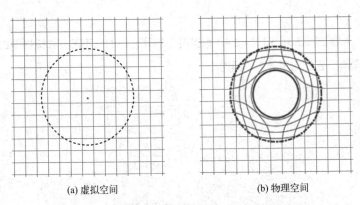

(a) 虚拟空间　　　　　　　　　　(b) 物理空间

图2.4　二维圆环形斗篷的虚拟空间和物理空间示意图

根据式（2.3）和式（2.4）可推导出物理空间的介电常数和磁导率是对角阵，它们对角线上的值为

$$\varepsilon'_{r'} = \mu'_{r'} = \frac{r' - R_1}{r'}$$

$$\varepsilon'_{\theta'} = \mu'_{\theta'} = \frac{r'}{r' - R_1} \quad (2.6)$$

$$\varepsilon'_{z'} = \mu'_{z'} = \left(\frac{R_2}{R_2 - R_1}\right)^2 \frac{r' - R_1}{r'}$$

由此可知，介电常数和磁导率都是各向异性的，并且是非均质介质，满足这种性质的材料在自然界难以找到，只有借助于超材料，通过设计材料单元的结构，才可能实现这些物理性质。

如果设计一个球形斗篷，物理空间的内径为 R_1，外径为 R_2，沿径向进行线性变换，则映射关系为

$$r' = R_1 + r(R_2 - R_1)/R_2$$

$$\theta' = \theta \quad (2.7)$$

$$\phi' = \phi$$

根据式（2.3）和式（2.4）可推导出物理空间的介电常数和磁导率也是对角阵，它们对角线上的值为

$$\varepsilon'_{r'} = \mu'_{r'} = \frac{R_2}{R_2 - R_1} \times \frac{(r' - R_1)^2}{r'}$$

$$\varepsilon'_{\theta'} = \mu'_{\theta'} = \frac{R_2}{R_2 - R_1} \quad (2.8)$$

$$\varepsilon'_{\phi'} = \mu'_{\phi'} = \frac{R_2}{R_2 - R_1}$$

与二维圆环形斗篷的性质进行比较，可以看出，三维球形斗篷的介电常数和磁导率也是各向异性和非均质的。与二维圆环形斗篷不同的是，三维球形斗篷在两个切向上的介电常数（或磁导率）是相同的，并且不随位置而改变。

如果斗篷所包围的空间映射到虚拟空间上是一个点的话，得到的斗篷为"完美斗篷"，不管波来自哪个方向，都可以得到完美的隐身效果。但相应地，斗篷所需的性质也很苛刻，不易实现。如图2.5所示的二维斗篷所包裹的区间映射到虚拟空间的一条线，这样得到的斗篷为单向斗篷，只在平行于线的方向具有完美的隐身效果，而在垂直于线的方向不具有任何隐身效果。该斗篷的一半也可以作为地面斗篷，用于隐藏地面上的空间。如果斗篷的映射关系为线性，得到的性质为均质的，容易实现。

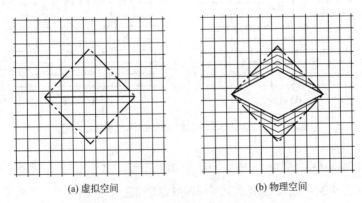

(a) 虚拟空间   (b) 物理空间

图2.5 二维单向斗篷的虚拟空间和物理空间示意图

对于三维斗篷来说，斗篷包裹的区域映射到虚拟空间的一个面，可以得到单向斗篷和地面斗篷；如果斗篷包裹的区域映射到虚拟空间的一条线，则仍然可以得到完美斗篷。

对于二维圆环形斗篷，如果所包裹区域映射到虚拟空间的一点时，会导致斗篷的性质出现奇异值，从公式中可以看出，当 r' 趋近于 R_1 时，介电常数和磁导率的各个值会趋近于零或无穷大。这种值对于器件的制作难度很大。如果改变映射关系，将斗篷包裹的圆形区域映射到虚拟空间中的一个小的圆形区域，如图 2.6 所示，就可以避免奇异值的出现。但后果是，这样设计的斗篷在隐身效果上会出现一定的损失，斗篷和中间区域对电磁场所引起的效果等同于虚拟空间的小的圆形区域的效果。对于三维结构，也具有同样的原理，将球形斗篷内部的区域映射到虚拟空间中一个小的球形，则可以避免斗篷的性质出现奇异值，代价是隐身效果降低。

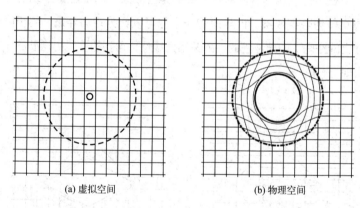

(a) 虚拟空间   (b) 物理空间

图2.6　二维圆环形非奇异斗篷的虚拟空间和物理空间示意图

　　如果从点（零维）、线（一维）、面（二维）、体（三维）来考虑，对于二维斗篷来说，包裹的区域可以映射到虚拟空间的一个点、一条线或一个小的面，映射为一个点时为完美斗篷。对于三维斗篷来说，包裹的区域可以映射到虚拟空间的一个点、一条线、一个面或一个小的体，映射为一个点或一条线时为完美斗篷。对于每一类的映射，又可以根据不同的映射方程，得到不同的斗篷性质。因此，通过变换光学设计电磁隐身斗篷也有很多种方案。

2.1.2 电磁隐身斗篷的探究

自从 Pendry 教授提出通过变换光学的方法可以设计出电磁隐身斗篷之后，立刻吸引了大批专家学者投入到这一领域，他也因为隐身斗篷理论获得了牛顿奖章。他最初的斗篷是球形斗篷，形状规则，性质也较为特殊。但三维结构设计和制作都比较复杂，后来，隐身斗篷的理论和实验主要从二维模型开始研究。

最简单的二维模型是圆环形斗篷，性质如式（2.6）所示。三个介电常数分量和三个磁导率分量都是半径 r 的函数，而且不管是介电常数还是磁导率，三个分量各不相同，也就是斗篷的性质是各向异性且非均质的。美国杜克大学的 Steven A. Cummer 教授等对电磁隐身斗篷进行了设计和数值计算：对理想的无损耗的斗篷采用 COMSOL Multiphysics 软件进行数值模拟，斗篷中心设为一个理想导电体，结果如图 2.7（a）所示，可以看出斗篷具有很好的隐身效果。由于实际环境一定存在损耗，对斗篷参数增加一个恒定的损耗因子（也称损耗角正切）0.1，结果如图 2.7（b）所示，电场没有反射，但是由于损耗，在背后出现明显的阴影。因为斗篷的性质是各向异性且非均质的，单一材料难以实现，但可以采用层级结构来近似实现，如图 2.7（c）所示为一个八层结构的斗篷，是通过对斗篷性质进行分层近似而得到的，相对于理想斗篷来说，隐身效果稍有减弱，但仍然具有很好的隐身效果。不过，满足该性质的超材料仍然难以实现，如果只观察 z 方向的电场，则只有 ε_z、μ_r 和 μ_θ 是相关的，如果更进一步，只想证明斗篷内部的波动轨迹，那只要保证乘积 $\mu_r\varepsilon_z$ 和 $\mu_\theta\varepsilon_z$ 满足要求即可。为了简便，选择 ε_z、μ_r 和 μ_θ 的值为

$$\varepsilon_z = \left(\frac{R_2}{R_2 - R_1}\right)^2$$

$$\mu_r = \left(\frac{r - R_1}{r}\right)^2 \tag{2.9}$$

$$\mu_\theta = 1$$

这样得到的性质，不仅将非均质的参数降为一个，而且消除了奇异值（理想斗篷的性质在内边界处会趋于零或无穷大）。将采用该性质的简化斗篷在电场中进行数值模拟，得到的结果如图2.7（d）所示，虽然出现一定的反射和阴影，但仍然具有较好的隐身效果。

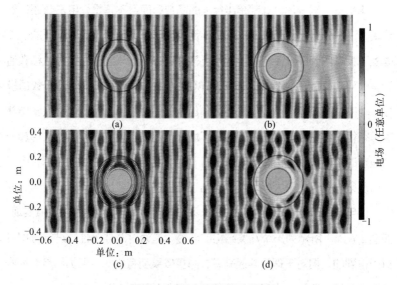

图2.7 电磁隐身斗篷的数值模拟
（a）理想斗篷的数值模拟；（b）带损耗因子的斗篷的数值模拟；
（c）八层分层近似的斗篷的数值模拟；（d）简化斗篷的数值模拟

简化斗篷的磁导率仍然是各向异性且非均质的，需要用层状结构来实现各向异性，每层结构不同以实现非均质。开口谐振环结构可以方便地调节磁导率，如图2.8所示，左图为Shurig教授团队设计的一个由方形的开口谐振环单元构成的圆环形电磁隐身斗篷，它所需的介质参数如图中的蓝线、红线和黄线所示，分别代表 ε_z、$10\mu_r$（因为 μ_r 值太小，乘以一个因子 10）和 μ_θ，其中 ε_z 的值为 3.423，μ_θ 的值为 1，μ_r 的值随半径而变化。模型由 10 层结构组成，每层性质不同，通过调节开口谐振环单元的结构参数来得到各层的性质。在左图中，第一层和第十层单元的结构已在图中表示，可以看出两者不同。单元的基本模型如右上方的图所示，基体为 0.381mm 厚的 Duroid 5870 板（介电常数为 2.33，10GHz 时的损耗因子为 0.0012），上面覆盖 0.381mm 厚的铜膜，在铜膜上加工出开口谐振环结构，其中，$a_\theta=a_z=10/3$mm，$l=3$mm，$w=0.2$mm，r 和 s 随着单元所在的层级不同而不同，如图中右下方表中所示，不同的参数下对应的单元磁导率也如表中所示。该结构可以较好地满足二维圆环形隐身斗篷的性质要求。

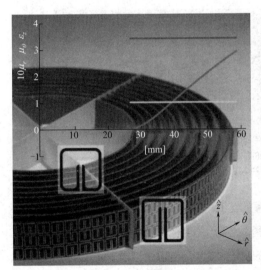
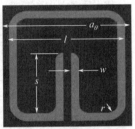

层数	r	s	μ_r
1	0.260	1.654	0.003
2	0.254	1.677	0.023
3	0.245	1.718	0.052
4	0.230	1.771	0.085
5	0.208	1.825	0.120
6	0.190	1.886	0.154
7	0.173	1.951	0.188
8	0.148	2.027	0.220
9	0.129	2.110	0.250
10	0.116	2.199	0.279

图2.8 由开口谐振环单元构成的电磁隐身斗篷（见封三）

实验是检验模型效果的重要途径，首先通过 COMSOL Multiphysics 软件对该模型所对应的理想斗篷和简化斗篷进行数值模拟，结果如图 2.9（a）和（b）所示，可以看出理想斗篷具有很好的隐身效果，简化斗篷的隐身效果有所减弱，但仍然具有一定的隐身效果。然后对斗篷的隐身效果进行实验研究，不带斗篷的圆柱在电磁场中场强如图 2.9（c）所示，在物体前方有反射，在后面有阴影。将设计的圆环形斗篷包裹住圆柱之后，进行电磁场实验，结果如图 2.9（d）所示，反射和阴影都有明显的减弱，具有明显的隐身效果，而且内部的场强分布跟数值模拟相似，证明了电磁隐身斗篷的理论的正确性。

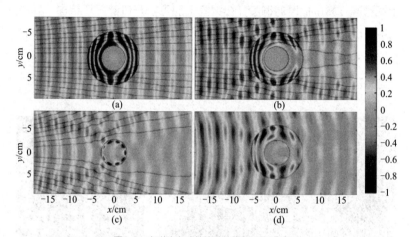

图2.9　电磁隐身斗篷的数值模拟及实验验证
（a）理想斗篷的数值模拟；（b）简化斗篷的数值模拟；
（c）不带斗篷的圆柱的电磁场实验；（d）带斗篷的圆柱的电磁场实验

　　前面介绍的圆环形斗篷的实现利用了简化斗篷，这样的后果是阻抗不匹配，会影响隐身效果。图 2.5 所示的坐标变换得到的斗篷虽然是单向工作的，但由于性质是均质的，较易实现，也吸引了很多关注。美国杜克大学的 Nathan Landy 和 David R. Smith 于 2013 年在 *Nature Materials* 杂志发表文章，介绍了对该类斗篷的设计和实验。

　　图 2.10（a）为所设计的斗篷在电磁场中的有限元数值模拟，斗篷的性质是均质的，ε_z=2.36，μ_x=3.27，μ_y=0.31。从图中可以看出，在电磁波水平入射时，该斗篷具有很好的隐身效果。图 2.10（b）所示为整个斗篷的照片，

它的长度近似为 41cm，局部放大图中显示了局部坐标系统和晶格常数。该斗篷结构既关于 x 轴对称又关于 y 轴对称。

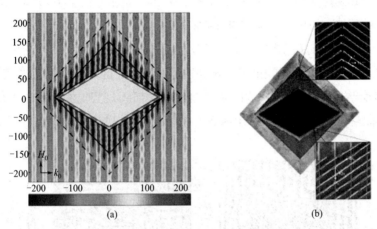

图2.10 单向电磁隐身斗篷的数值模拟和实验模型

他们通过实验对所设计的斗篷进行了验证。作为对比，自由空间、有圆柱的空间和带斗篷的空间都进行了实验，测得的电场数据如图 2.11 所示。与自由空间的电场相比，圆柱对电场有很强的散射，在后面有一个较强的阴影。而带斗篷的场中，散射较少，右侧阴影也较弱，具有很好的隐身效果。

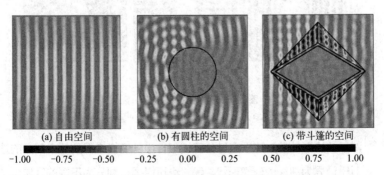

图2.11 自由空间、圆柱和单向电磁隐身斗篷的实验结果

单向斗篷、圆环形斗篷和球形斗篷都具有比较规则的形状，不规则形状的斗篷也可以通过变换光学得到其性质。对于任意的多边形斗篷来说，不管是规则多边形、不规则凸多边形还是凹多边形，它们都可以分成一系列小区域，在每一个小区域进行坐标变换得到性质。图2.12所示为两种不规则多边形斗篷，图2.12（a）为凹八边形，图2.12（b）为人形，它们的性质通过对每个区域进行变换光学得到，因为每个区域的形状不尽相同，变换光学得到的性质也不同。它们的内部区域都是映射到虚拟空间的一点，因此它们是完美斗篷，而且不管入射方向如何，它们都具有隐身效果。

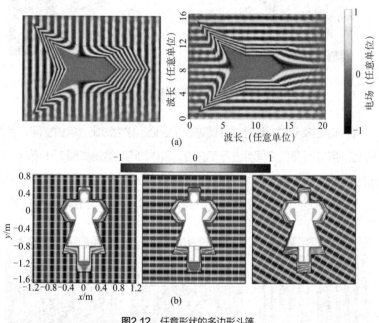

图2.12 任意形状的多边形斗篷
（a）凹八边形斗篷；（b）人形斗篷

对于多边形斗篷，可以通过分区域进行坐标变换来得到每个部分的性质。对于边界为曲线的任意形状斗篷，也可以通过划分为不同的区域，在每个区域用线段来近似曲线边界，从而对每个区域进行坐标变换。当然，如果已知曲线边界的方程，可以直接通过坐标变换，采用变换光学的方法得到斗篷的性质。图 2.13 所示为一个直接通过变换光学设计的心形斗篷在两个方向上的数值模拟，可以看到斗篷具有很好的隐身效果。不过，要这样得到斗篷的性质，必须首先知道斗篷内外轮廓的方程，这样得到的斗篷性质也是非均质和各向异性的。

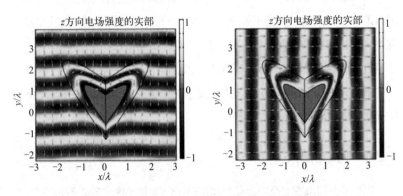

图2.13　通过两部分坐标变换得到的心形斗篷的数值模拟

　　对于二维斗篷来讲，圆环形斗篷得到的性质是各向异性和非均质的，不过得到的介电常数和磁导率矩阵都是对角阵，非对角线上的值都为零。而对于多边形斗篷和曲线斗篷（同心圆环形斗篷除外），它们的介电常数和磁导率也是各向异性和非均质的，而且它们的介电常数矩阵和磁导率矩阵都是非对角阵，这样无疑增大了制造的难度。对于三维斗篷来说，也是一样，空心球形斗篷的介电常数和磁导率是对角阵，其他形状的三维斗篷的介电常数和磁导率是非对角阵，制造难度大。三维空心球形斗篷相对于二维圆环形斗篷来说，维度上增加了，相应地，制造难度也增加，目前大多数实验模型还停留在二维模型。

　　鉴于科技的飞速发展，相信不久的将来，任意的斗篷都可以加工出来，并且应用到人们的日常生活中。

2.2 负折射率超材料

电磁波在一种均质且各向同性的介质中传播时，传播方向不会改变。但当电磁波入射到两种介质的交界面时（称这时的波为入射波），一般会发生反射和折射，一部分波被交界面反射回去（这部分波称为反射波），另一部分透过交界面进入下一种介质（这部分波称为透射波或折射波）。当入射波的传播方向跟交界面不垂直时，透射波的传播方向跟入射波的传播方向不同，这种现象称为折射。不同的介质组合，折射的程度不一样，为了表征介质的这种性质，定义了折射率的概念。自然界存在的介质一般具有正的折射率，而通过超材料，可以实现负的折射率。因此，许多不可思议的现象也随之出现。

2.2.1 何为折射率

电磁波既可以在真空中传播，也可以在介质中传播。电磁波在真空中的传播速度（波速）为一个定值，即真空中光速，记为 c，$c=3\times10^8$m/s，在介质中波速会降低，一般情况下，电磁波在气体、液体、固体中波速依次降低。

介质对某一电磁波的折射率 n 等于真空中光速 c 除以该电磁波在介质中的速度 v，因此，真空的折射率为 1，气体的折射率略大于 1，液体、固体的折射率大于 1，折射率越大，介质中波速越小。一般来说，电磁波在自然界的介质中的传播速度都为正值且小于真空中的波速，所以，介质的折射率一般都是大于 1 的值。

电磁波在介质的交界面发生折射时遵守折射定律。折射定律首先是由荷兰数学家、天文学家、物理学家斯涅耳发现的，又称为斯涅耳定律（Snell's Law）。如图 2.14 所示，当电磁波由介质 1 进入介质 2 时，在交

界面发生反射和折射，反射角 β 等于入射角 α，而入射角和折射角的关系为

$$n_1 \sin \alpha = n_2 \sin \gamma \qquad （2.10）$$

式中，n_1 和 n_2 为介质 1 和介质 2 的折射率。

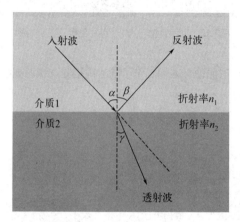

图2.14   折射定律的示意图

在日常生活中经常能见到可见光的折射现象，如图 2.15 所示。将筷子放在水中，筷子就像是折断了一样，这是因为水的折射率比空气的大，光线从水中进入空气中发生了折射，人的大脑认为光线总是沿直线传播，因此，观察到的水中的物体的位置总比物体实际的位置要高；海市蜃楼，是一种因为光的折射和全反射而形成的自然现象，由于密度不同，大气的折射率不均匀，温度低、密度大的大气的折射率大，光线会在气温梯度分界处产生折射现象，当光线从较高折射率的介质进入到较低折射率的介质时，如果入射角大于某一临界角，折射光线将会消失，所有的入射光线将被反射而不进入低折射率的介质，导致海市蜃楼现象的出现，一般在海洋和沙漠上空较常出现。

图2.15 生活中的折射现象：水中的筷子和海市蜃楼

根据光的折射原理，人们制作了凸透镜和凹透镜对光线进行控制，它们的工作原理如图 2.16 所示。

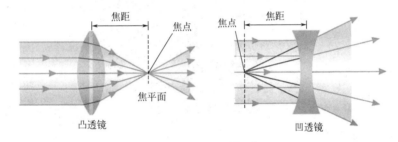

图2.16 凸透镜和凹透镜的工作原理

一般情况下，在同种介质中，电磁波的频率越高（波长越短），折射率越大，波速越低。因为紫光的频率比红光高，因此，在同种介质中，紫光的折射率比红光大。包含多种频率的光称为复色光，当复色光进入棱镜后，由于各种频率的光具有不同折射率，各种色光的传播方向就会有不同程度的偏折，因而在离开棱镜时就各自分散。如图 2.17 所示，太阳光通过棱镜后产生自红到紫循序排列的彩色连续光谱。

以上讨论的都是正的折射率，入射波和透射波在法线的两侧。当折射率为负值时，根据折射定律，折射角也为负值。如图 2.18 所示，透射波和入射波在法线的同一侧，这跟传统的折射现象迥然不同。

图2.17　光的色散

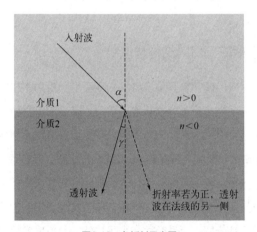

图2.18　负折射示意图

　　生活中见到的介质的折射率一般为正值,如果某种介质具有负的折射率,就会伴随很多异常的折射现象。如图 2.19 所示的吸管在杯子中的折射现象,杯子中的介质分别具有正的折射率和负的折射率,与正折射率介质中的吸管相比,负折射率介质中的吸管看起来弯到了另一侧,这种现象在生活中很难遇到,也是之前难以想象的事情。不过,借助于光学超材料,这种现象也能成为现实。

图2.19　放吸管的杯子的正常折射和负折射

2.2.2　负折射率超材料结构与性能

实现负折射率的超材料有很多种，如双负型负折射率材料、光子晶体负折射率材料、手性负折射率材料等。双负型负折射率材料要求在同一频带下同时实现负介电常数和负磁导率；光子晶体负折射率材料的重要特性就是具有光子带隙（又称光子禁带）；物体经过平移、旋转等任意空间操作均不能与其镜像重合称为手性，手性介质最明显的性质是使通过它的偏振光的偏振面发生变化，即表现出旋光性。由于实现负折射的原理不同，本节将分别根据双负介质、手性介质、光子晶体的负折射率超材料对负折射做一个简单的介绍。

负折射率的概念最初由苏联科学家 V G Veselago 在 1968 年提出。他指出当光波从具有正折射率的材料入射到具有负折射率的材料（具有负的介电常数和负的磁导率，又称双负介质）的界面时，光波的折射与常规折射相反，入射波和折射波处于界面法线的同一侧。在这种材料中，电场、磁场和波矢方向遵守左手法则，而非常规材料中的右手法则，如图2.20所示。因此，这种具有负折射率的材料也被称为左手材料，光波在其中传播时，能流方向与波矢方向相反。用这种介质做成的凸透镜具有发散作用，凹透镜具有会聚作用。

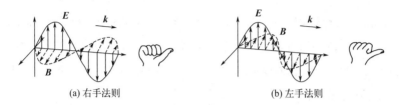

(a) 右手法则　　　　　　　　　　(b) 左手法则

图2.20　左手法则和右手法则

　　由于自然界不存在双负介质，负折射率在提出后的一段时间内无法得到实验验证。2000 年，美国加利福尼亚大学圣迭戈分校设计了一款双负型超材料，它的模型及实验结果如图 2.21 所示：左图为双负型超材料的模型图，它由周期性布置的单元构成，单元包含一个导电非磁性的开口谐振环和一段连续导线；沿开口谐振环轴线方向磁场的实验结果如右图所示，由图可见，在一定的频率范围内，可同时得到负的介电常数和负的磁导率。

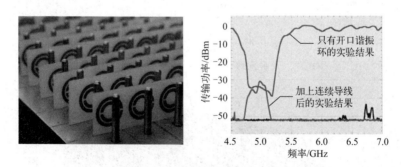

图2.21　双负型超材料模型及实验结果

　　在 2001 年，美国加利福尼亚大学圣迭戈分校在《科学》杂志上公布了他们对负折射率的实验结果，首次通过实验验证了负折射率的存在。他们的实验模型如图 2.22（a）所示，它由在玻璃纤维线路板上的方形铜开口谐振环和铜导线组成，谐振环和导线在板的相对的两侧，板被切割并组装成一个互锁的格子。实验如图2.22（b）所示，实验模型为楔形，微波波束从直角边入射，从斜边射出，折射功率谱作为与界面法线的角度 θ 的函数进行测量。实验结果如图2.22（c）所示，波频率为10.5GHz。聚四氟乙烯的折射功率谱的峰值在27°，对应的折射率为+1.4；实验模型的折射功率谱峰值在 −61°，计算出的等效的折射率为 −2.7±0.1。因此，他们从实验上验证了负折射率的存在。

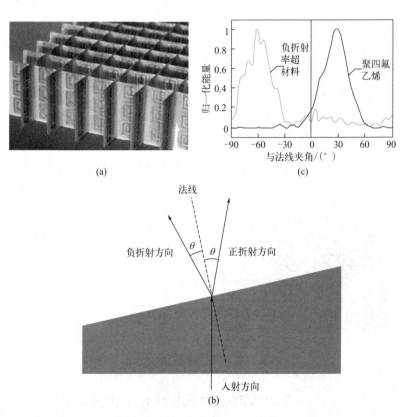

图2.22 负折射材料模型及实验结果

德国卡尔斯鲁厄理工学院等单位研究了无线电波长范围的负折射。他们采用 Ag-MgF$_2$-Ag 型薄膜实现了 1.5μm 波长的负折射，折射率的实部为 –2。这里采用银代替了铜，主要为了减少损耗。他们通过对模型进行小型化设计，制成了 780nm 波长的负折射率超材料，模型如图 2.23 所示。图（a）为超材料的示意图及极化布置；图（b）为单元模型，其中，$a_x=a_y=300nm$，$w_x=102nm$，$w_y=68nm$，$t=40nm$，$s=17nm$，$e_x=e_y=e=8nm$；图（c）为模型俯视图的电子显微照片。通过实验验证了在 780nm 波长时该材料具有负的折射率，等效折射率的实部为 –0.6。该波长已经处在可见光的范围内，通过肉眼即可观察。

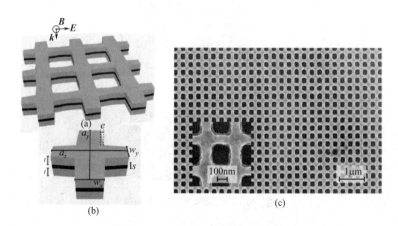

图2.23 用于780nm波长的负折射率超材料

双负材料可以实现负的折射率，不过，它同时需要两个共振，频带窄，且共振带来巨大的损耗。手性超材料也可以实现负折射率，而且结构简单，损耗少。2004 年，英国帝国理工学院的 Pendry 教授在《科学》杂志发文，首次利用手性介质实现负折射率。设计如图 2.24 所示，将一个绝缘金属片卷成螺旋结构，然后将各个金属片堆在一起组成一个各向同性的结构，图中参数为 $r=5\times10^{-3}$m，$a=2\times10^{-2}$m，$d=1\times10^{-4}$m，$\theta=5°$，$N=10$，其中，a

为堆形结构的晶格常量。该手性结构能够在 100 MHz 实现负折射率。这种手性结构产生负折射率的机制源于结构本身的自感和相邻金属片之间的电容，当电流沿螺旋结构传输时，不仅可以产生沿轴向的磁极化，还因为平行于轴的电流产生电极化。手性介质实现负折射条件相对简单，而且避免了共振所带来的损耗。

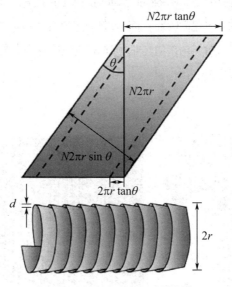

图2.24　实现负折射率的手性超材料

手性介质得到了许多学者的青睐，得到了很大的发展。手性结构实现负折射的超材料单元有很多，难以一一说明，例如，2012 年，泰国孔敬大学的 W. Panpradit 等在微波段实现了高品质因数、大负折射率的手性负折射率材料。该材料由双层共轭 C8 手性结构组成，如图 2.25（a）所示，它的单元结构及结构参数如图 2.25（b）所示，通过改变 C8 结构的弯曲角以及双层 C8 之间的旋转角等几何结构参数可以得到较大的手性。当结构参数为特定值时，折射率可达 –170，具有非常大的负折射率。

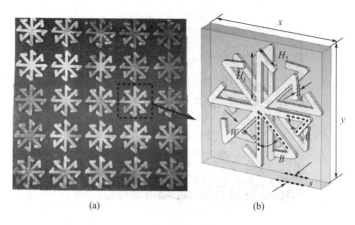

(a)　　　　　　　　　(b)

图2.25　双层共轭C8结构材料俯视图照片及单元

光子晶体是一类具有周期性结构的人工材料，在某些频段内，电磁波无法传播而形成电磁波带隙，关于光子晶体，将在下一节进行详细介绍，这里简单介绍一下实现负折射的光子晶体。光子晶体实现负折射按其原理不同，可以分成两大类：第一类是通过对单元结构的周期性设计实现介电常数与磁导率均为负的双负结构；第二类是通过对单元周期性结构及其基体材料的调制，改变其色散关系，产生类似于电子在晶体中的能带结构，产生类似负折射的效果。

2004 年，Parimi 等人制造了一种微波光子晶体，它们是由高度 1.26cm、半径 0.63cm 的圆柱形铜棒阵列形成的三角形晶格。半径 r 与晶格常数 a 之比 r/a=0.2。透射波的测量是在由一对金属板制成的平行板波导中进行的。光子晶体和聚苯乙烯的实验结果如图 2.26 所示，光子晶体在两个方向上都可观察到负折射。作为对比，聚苯乙烯材料的实验结果如图 2.26（d）所示，它具有正折射。不过，在某些频率，该光子晶体也具有正折射，如图 2.26（b）所示。该光子晶体的负折射是由周期性结构的色散特性引起的。

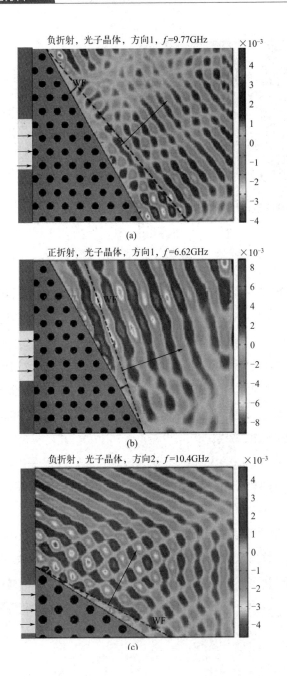

负折射，光子晶体，方向1，f=9.77GHz

(a)

正折射，光子晶体，方向1，f=6.62GHz

(b)

负折射，光子晶体，方向2，f=10.4GHz

(c)

正折射, 聚苯乙烯, 方向1, f=9.7GHz

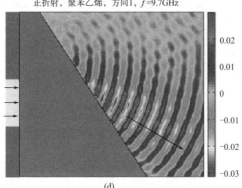

(d)

图2.26 光子晶体和聚苯乙烯的折射实验结果

　　对于具有负折射现象的介质来说，它们对光束的控制与正折射介质不同，因此具有很多奇特现象。电子科技大学的江萍等人研究了硅光子晶体中的负传播效应。如图 2.27 所示，对于一块具有负折射率的平板来说，当一束电磁波斜入射时，除了有反射之外，部分电磁波进入到板中，进入时发生负折射，当折射的电磁波到达另一个界面出去时，又会发生负折射，从板两侧的电磁波来看，入射波和透射波的传播方向是平行的，但透射波的出射位置比入射波的入射位置更靠后了；当一个点光源放置在负折射板的一侧时，波通过负折射板之后，在另一侧会聚，形成点光源的像。

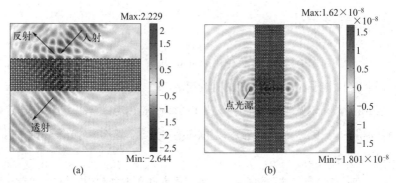

图2.27 负折射介质平板对光束的折射和点光源成像

对于图2.27所示的现象，对负折射板的光路示意图如图2.28左图所示，由于板具有负折射，因此，发生折射时，入射波和折射波在法线的同一侧。当光源处在负折射板的一侧时，光线经过负折射，到板的另一侧就会重新会聚，得到光源的像，如图2.28右图所示。这都跟传统材料的折射路径是不同的。

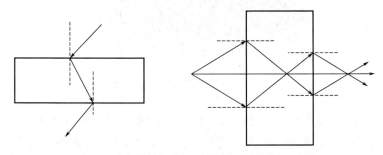

图2.28　负折射介质平板的折射光路和点光源成像示意图

负折射率超材料的独特性质，使其具有广阔的应用前景，可以用作延迟线、耦合器、天线收发转换开关、固态天线、微型反向天线、平板聚焦透镜、带通滤波等。随着科技的发展，负折射率超材料将会广泛地应用在各个领域。

2.3　光子晶体

光子晶体是指具有光子带隙（photonic band gap）特性的人造周期性电介质结构。光子晶体是由周期性的介电结构组成，这些结构在一维、二维或三维中具有较低或较高介电常数，以影响结构内电磁波的传播。由于这种周期性，光的透射在某些频率范围内绝对为零，这被称为光子带隙，也被称为"禁带"。

早在1888年，瑞利勋爵首次研究了周期性介质中的电磁波传播。这些结构就是一维的光子晶体，具有阻止光传播的光子带隙。尽管此后，类似结构一直被研究，但直到 100 年后，"光子晶体（photonic crystal）"一词，才被首次使用。1987 年，E. Yablonovithch 和 S. John 发表了两篇关于光子晶体的里程碑式的论文，分别独立提出光子晶体的概念。他们提出了二维光子晶体和三维光子晶体，即分别在二维和三维具有周期性的介电结构。周期性介电结构即表现出光子带隙，在该频率范围内，阻止任意方向的光的传播。后来，通过不断探索，终于从实验中证实了光子带隙的存在，并不断走向应用。而且在探索过程中，人们也认识到这种材料也存在于自然界中，例如，蝴蝶翅膀的鳞片上就有光子晶体。

　　光子晶体可以分为一维、二维、三维。一维光子晶体是在一个方向上具有周期性结构，如图 2.29（a）所示，瑞利勋爵提出的结构就是一维光子晶体；二维光子晶体是在两个方向上具有周期性结构，如图 2.29（b）所示；三维光子晶体在三个方向上都具有周期性结构，如图 2.29（c）所示，结构也最复杂。

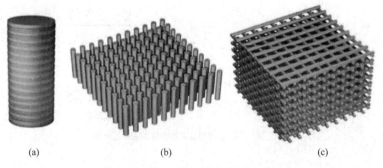

(a)　　　　　　　　　(b)　　　　　　　　　(c)

图2.29　一维、二维和三维光子晶体示意图

　　光子晶体可以阻止特定频率的光的传播，如果在光子晶体中引入缺陷，则可以对光的传播进行有效的控制。因此，基于光子晶体可以制成各种光学器件。由于光子晶体尺度小而结构复杂（尤其是三维光子晶体），目前

的制造技术还不能满足所有光子晶体的加工需求。

2.3.1　光子晶体的带隙

光子晶体中，"带隙"的称谓是借鉴了半导体材料的概念，导带的最低点和价带的最高点的能量之差称为带隙，也称能隙或禁带。图2.30说明了导体、半导体和绝缘体的带隙差异。绝缘体中，价带与导带之间有很大的带隙，这意味着在能量上有一个很大的"禁止"间隙，阻止价带中的电子跳到导带中并参与传导，这就解释了为什么绝缘体不能很好地导电。在导体中，价带与导带重叠，这种重叠导致价电子基本上能自由移动到导带并参与传导。它也不是完全重叠，只有小部分价电子可以通过，但这足以使导体导电。在半导体中，带隙足够小，可以通过某种激发来桥接，有限数量的电子能够到达导带并传导少量的电。电子的激发还会留下电子空穴从而引发额外的传导过程，来自附近原子的电子可以占据这个空间，产生空穴和电子运动的连锁反应，从而产生电流。

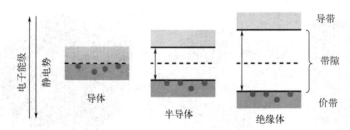

图2.30 导体、半导体和绝缘体的带隙示意图

正如在半导体中，电子可以处在导带或价带，但是能级在带隙中的电子是不存在的。在光子晶体中，某些频率的电磁波可以在其中传播，而在特定频率范围内的电磁波不能传播，这些频率范围也就被称为"带隙"。

对于周期性结构的介质来说，波动函数可以表示为

$$u(x,t) = \tilde{u}(x)e^{i(k \cdot x - \omega t)} \qquad (2.11)$$

式中，ω 为角频率，k 为波矢，t 为时间，x 为位移，i 为虚数单位。如果晶格矢量为 A，则函数 $\tilde{u}(x)$ 满足

$$\tilde{u}(x) = \tilde{u}(x + A) \qquad (2.12)$$

因此，对于周期性结构介质的波动函数来说

$$u(x + A, t) = u(x, t)e^{ik \cdot A} \qquad (2.13)$$

根据晶格基矢（a_1，a_2，a_3），可以计算出倒易格子（reciprocal lattice）基矢（b_1，b_2，b_3），公式为

$$b_1 = 2\pi \frac{a_2 \times a_3}{a_1 \cdot (a_2 \times a_3)}$$

$$b_2 = 2\pi \frac{a_3 \times a_1}{a_2 \cdot (a_3 \times a_1)} \qquad (2.14)$$

$$b_3 = 2\pi \frac{a_1 \times a_2}{a_3 \cdot (a_1 \times a_2)}$$

其中，三个分母的值都相同，即由基矢 a_1，a_2，a_3 所确定的平行六面体的体积。

在倒易格子中取某一倒易阵点为原点，作所有倒格矢 ($mb_1 + nb_2 + pb_3$，m，n，p 为常数）的垂直平分面，倒易格子被这些面划分为一系列的区域：其中最靠近原点的一组面所包围的闭合区称为第一布里渊区；在第一布里渊区之外，由另一组平面所包围的区域叫第二布里渊区；依次类推第三、第四等布里渊区。各布里渊区体积相等，都等于倒易格子的原胞体积。其中第一布里渊区最为常用，不加定语时往往就指它。布里渊区是以法国科学家 Léon Brillouin (1889—1969 年) 的名字命名的，他在 1930 年研究电子波在晶格中传播时引入了布里渊区的概念。图 2.31 为四种典型的晶格（简单立方、体心立方、面心立方、六方）对应的布里渊区。

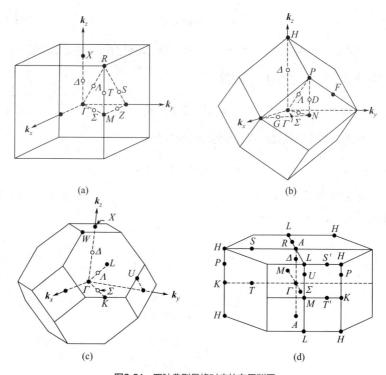

图2.31 四种典型晶格对应的布里渊区
（a）简单立方；（b）体心立方；（c）面心立方；（d）六方

由于完整晶体中运动的电子、声子、磁振子等元激发的能量和状态都是倒易格子的周期函数，因此只需要用第一布里渊区中的波矢来描述即可。在布里渊区内对光子晶体的能带（频率和波矢的关系）进行计算，即可得到光子晶体的带隙特性。

在光子晶体被提出两年后，Yablonovitch 和 Gmitter 发表了他们声称的第一个具有光子带隙的结构，它是在塑料中以面心立方晶格排列的球形孔。对空气球占比为 86% 的结构进行实验，发现它具有完全带隙。然而，不久就有研究者证明，这种结构并不具有完全带隙，在特定方向上的带隙宽度会降为零，因此它只是具有"准带隙"。其中，美国爱荷华州立大学的研究者不仅证明了 Yablonovitch 和 Gmitter 的模型不具有完全带隙，还提出了一种具有完全带隙的结构。他们通过在介电常数为 ε_b 的基体中周期性地放置介电常数为 ε_a 的电介质球，采用平面波展开法对电磁波在其中传播的麦克斯韦方程组进行求解。当电介质球排列为金刚石结构时，在其能带结构中存在一个完全带隙。由折射率为 3.6 的电介质球组成金刚石结构，分布在空气中，介质的填充比为 34% 时，得到的能带结构如图 2.32 所示，图中频率为 c/a，其中 a 为晶格常数，从图中可以看到一段明显的带隙。

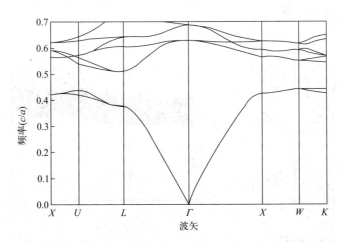

图2.32　在空气中由电介质球组成的金刚石结构的光子晶体的能带结构图

虽然 Yablonovitch 和 Gmitter 的最初模型不具有完全带隙，但他们在 1991 年又联合了一位研究人员 Leung（之前曾指出他们的模型不具有完全带隙）发表了新的工作，从理论和实验证明了带隙的存在，如图 2.33 所示。

图 2.33（a）所示为空心的菱形十二面体，是在菱形十二面体中挖去一个比内接球更大的球体所形成，图中虚线为球与菱形十二面体的交界线。

这也是 Yablonovitch 和 Gmitter 在 1989 年的论文中的模型。这种结构不好加工，他们对模型进行了改进，改进的模型是非球形的，通过圆柱孔钻穿菱形十二面体的顶部三个面，并从底部三个面穿出，如图 2.33（b）所示，该结构为面心立方晶格。该结构的布里渊区如图 2.33（c）所示，单元的频率与波矢的关系如图 2.33（d）和（e）所示，其中纵坐标为频率，以光速除以面心立方的边长。图中的实线和虚线分别是 s 极化和 p 极化的计算结果，椭圆和三角形分别是 s 极化和 p 极化的实验值。实验值和理论值吻合较好。图中的较深的阴影带为完全带隙，而较浅的阴影带为仅对于 s 极化或 p 极化的带隙。

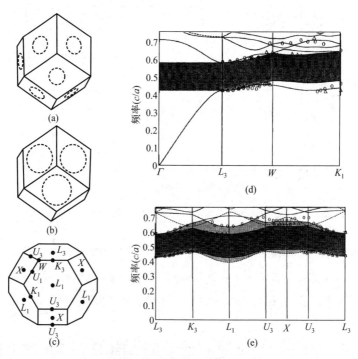

图2.33　三维光子晶体的模型及带隙

　　之后，随着对光子晶体研究的深入，越来越多的带隙结构被设计和制造出来，光子晶体的研究已经越来越广泛。

2.3.2　典型的光子晶体

　　光子晶体具有周期性的结构，其单元结构不同，性质就不同，可以根据不同的应用背景设计相应的光子晶体。利用光子晶体的特殊性质可以实现对电磁波的操纵，本节将简单介绍几种光子晶体的应用。

　　（1）具有红外波长带隙的光子晶体

　　光子晶体的单元尺寸在亚波长范围，由于可见光波长较短，在可见光波段的光子晶体不易制造。即使在波长较长的红外光波段的光子晶体，也需要精密的制造技术。1998 年美国研究人员在《自然》杂志发文表示，他们使用标准的微电子制造技术在硅晶片上加工出了三维红外光子晶体。图2.34（a）为完整的四层结构的光子晶体的扫描电子显微镜俯视图，它显示

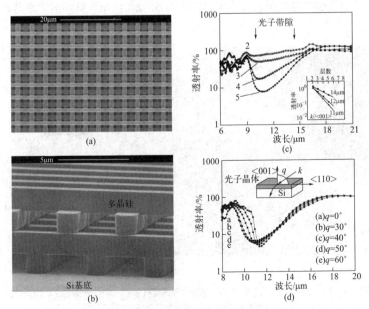

图2.34　三维红外光子晶体模型及透射实验结果

出良好的周期性，下层结构也很明显。图 2.34（b）为扫描电子显微镜下的光子晶体的截面图，棒由多晶硅制成，相邻棒之间的间距为 4.2μm，棒宽度为 1.2μm，层厚度为 1.6μm。实验测得的该光子晶体的透射频谱如图 2.34（c）所示，在 10 ～ 14μm 处，可以看到一个强烈的凹陷，这意味着结构中存在光子带隙。当覆盖层的数量从 2 增加到 5 时，带隙的变化也很明显。嵌图为三种不同波长下的透射率与层数的半对数图，最强衰减发生在 $\lambda=11\mu m$ 处，衰减强度为每单元 12dB。改变入射角度时，测得的透射频谱如图 2.34（d）所示，可见该光子晶体对不同的入射角度都有阻碍作用，证明了带隙不依赖于入射方向，具有完全带隙的特征。

（2）可调带隙光子晶体

光子带隙是光子晶体的显著特征，但对于一个光子晶体来说，其带隙是固定的。不过，由于液晶的折射率受温度影响，若将液晶 E7 渗透到带孔硅光子晶体的气孔中，就可以通过温度连续地调谐二维光子晶体的带隙。八层含孔隙的硅光子晶体的模型如图 2.35（A）所示，其折射功率谱如图

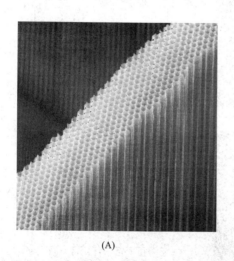

(A)

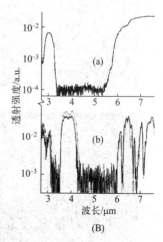

(B)

图2.35　含孔隙的硅光子晶体模型（A）及折射功率谱（B）：（a）无液晶（b）有液晶，实线为向列相（35°），点线为各向同性相（62°）

2.35（B）中的（a）所示，该光子晶体有一个明显的带隙，带隙波长范围为 3.3 ～ 5.7μm。将液晶 E7 渗透到硅光子晶体的气孔中后，带隙急剧移动到 4.4 ～ 6.0μm，而且带隙随着温度的不同而变化，如图 2.35（B）中的（b）所示。样品被加热到液晶的各向同性相变温度（59℃）时，带隙的短波长边缘移动了 70nm，而长波长边缘在实验误差范围内保持恒定。

（3）光子晶体新型光纤

二维光子晶体可以制成新型光纤，Knight 等人在 1998 年发表在《科学》杂志上的一篇文章中，在均匀的蜂窝状布置的孔中增加了一个中心孔，在中心孔周围均匀布置了 6 个间隙孔。光纤长度为 5cm，截面直径为 36μm，中心孔直径为 0.8μm，间隙孔直径为 75nm，空气占比为 5.3%，光纤截面结构如图 2.36（a）所示，该光纤可以传导波长在 458 ～ 528nm 的光。当在光纤底部施加一个白色光源，光纤周围为折射率匹配的流体用以滤除包层模式，从图 2.36（b）可以看出，中心低折射率区域可以传导绿光和蓝光。

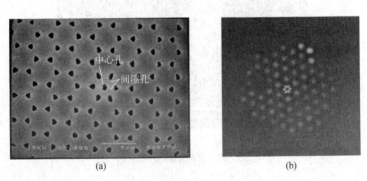

图2.36　光子晶体新型光纤及实验

（4）光子晶体波导

波导是用来定向引导电磁波的结构，光子晶体可以制成波导，对电磁波的传输进行控制。美国麻省理工学院的研究人员在 1996 年证明了光子晶体波导中光在直角周围的高效传输。数值模拟表明，在某些频率下电磁波可以在弯角处完全传输，在宽频率范围内传输率依然很高，大于95%。即使在曲率半径为零的90°弯曲处也观察到高透射率，最大透射率为98%，而类似的传统介质波导的最大透射率为30%。电磁波在直角波导中的传输效果如图2.37所示，可见，电磁波可以高效地通过直角弯。光子晶体为电磁波的传输提供了新方案。

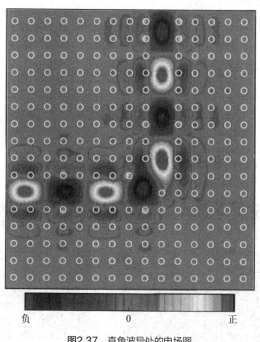

负　　　　　　　　　0　　　　　　　　　正

图2.37　直角波导处的电场图

（5）光子晶体伦伯透镜

伦伯透镜是一种球面对称透镜，它将来自任何方向的入射电磁场聚焦到透镜另一侧的点，或将透镜表面的点光源辐射转换为透镜另一侧的平行光线。该透镜作为天线应用中的接收器和发射器以及用于聚焦的场集中器非常有吸引力。传统的实现方法是基于具有恒定介电常数的球形介电壳，而通过梯度光子晶体也可以实现伦伯透镜，如图 2.38 所示。基于梯度光子晶体的伦伯透镜跟理论透镜的数值计算结果十分吻合。

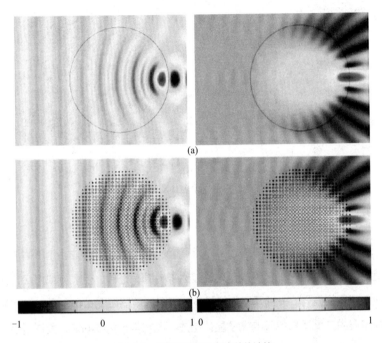

图2.38　伦伯透镜的有限元数值计算
（a）理论透镜；（b）基于梯度光子晶体的伦伯透镜

（6）光捕获光子晶体

法国研究人员发现光子晶体诱导的光子约束可以用来捕获纳米颗粒。在有缺陷的光子晶体中，内部的反射和多次散射可以结合起来非常有效地限制光子。这种限制的结果是在光子晶体的近场中存在强的电磁强度梯度。因此，放置在光子晶体附近的纳米颗粒将受一种光学力，这种光学力会导致纳米颗粒的捕获。如图 2.39（a）所示，在光子晶体结构内部存在一个缺陷，在共振频率下该结构对纳米颗粒的光捕获势能如图 2.39（b）

所示，由图可见，颗粒不仅能被有效地捕获，而且会限制在一个亚波长区域。

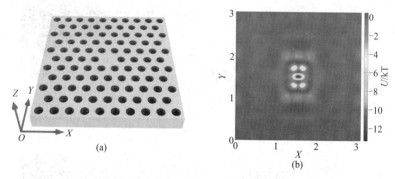

图2.39 光捕获光子晶体结构及光捕获势能分布图

（7）带阻滤波器

带阻滤波器是抑制或去除多路复用输出信道中的单个或多个不需要信道的重要组件之一。它不改变地通过大部分频率范围，但衰减或停止特定频率范围的信号。一种基于光子晶体的带阻滤波器如图 2.40 所示，该带阻滤波器由二维矩形单元的光子晶体组成，晶格常数为 540nm，圆柱半径为 0.1μm，圆柱材料的折射率为 3.46。在光子晶体中有一条通道，通道下方有一个环形谐振器。环形谐振器内有 4 层圆柱。在非谐振条件下，信号从输入端进入，传播到输出端，在谐振器内有部分信号但不影响通道的传播。但在谐振时，信号从输入端进入到达谐振器时，与谐振器发生耦合，并将信号反射回输入端，因此在谐振条件下，信号不会到达输出端。因此，在不同的波长（即不同频率）条件下，可以有选择地通过信号。

图 2.41 显示了基于光子晶体环形谐振器的带阻滤波器的传输功率谱。在图中可以清楚地看到有一个禁带。禁带宽度为 11nm，禁带效率大约为 98%，效率非常高。从图中可以看出，1550nm 波长属于禁带之外，

而 1570nm 处在禁带内。这也是图 2.40 中 1550nm 波长的信号可以传输而 1570nm 波长的信号被阻断的原因。

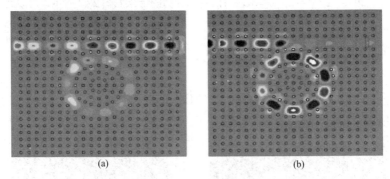

(a)　　　　　　　　　　(b)

图2.40　基于光子晶体环形谐振器的带阻滤波器的电场分布
（a）1550nm；（b）1570nm

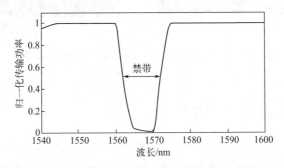

图2.41　基于光子晶体环形谐振器的带阻滤波器的传输功率谱

（8）基于光子晶体的古斯 - 汉欣效应

古斯 - 汉欣（Goos-Hänchen）位移是一种反常的光学现象，当一束有限横截面积的光束在不同折射率的两种介质的界面发生全反射时将产生一个侧向的位移，也就是说反射点和入射点不在同一点，此位移就称为古斯 - 汉欣位移。澳大利亚研究人员通过实验研究了自准直光束从二维光子晶体

表面反射时的古斯 - 汉欣效应。微波光子晶体由氧化铝棒制成，通过改变反射表面的棒直径，可以控制经过古斯 - 汉欣位移的反射光束的输出位置。他们的实验数据与时域有限差分法数值计算的结果如图 2.42 所示，可以看到在界面发生全反射时产生一个明显的侧向位移，实验结果和理论计算的位置十分吻合。

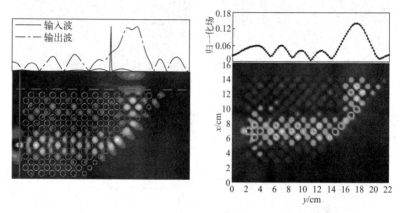

图2.42　基于光子晶体的古斯–汉欣效应的理论计算和实验结果

2.3.3　生活中的光子晶体

虽然人们最初提出的光子晶体是假想的材料，而且后来大多数的研究对象也都是人工结构，但是自然界实际存在着光子晶体，而且就在我们的生活中。生活中的色彩分两种：色素色彩（pigment colour）和结构性色彩（structural colour）。色素色彩的变化主要来源于对不同频率光的吸收，而结构性色彩的原理是利用光子晶体对光的反射、折射等进行调控。

自然界中也存在许多结构性色彩，只是由于肉眼难以区分色素色彩和结构性色彩，所以一直没有发现。蓝闪蝶的蓝色翅膀十分绚丽，是一种十分有名的结构性色彩。某些种类的蓝闪蝶相对于其他种类来说，翅膀具有金属般色泽，究其原因，是翅膀上覆盖的鳞片不同。在显微镜下观察，这类蓝闪蝶翅膀上的蓝色鳞片上还覆盖着一层透明的鳞片，正是这层透明鳞片表现出了一定的光学效果。在扫描电子显微镜下观察这些透明鳞片，图2.43（a）所示为鳞片的横截面，可以看出鳞片的微观结构十分复杂，由多层的立体栅栏构成，正是这些结构形成的光子晶体对光线进行反射和折射，使得蓝闪蝶的翅膀在光作用下产生了绚丽的色彩。孔雀的羽毛色彩斑斓，除了羽毛自身的颜色之外，也具有一些亚微米黑色素颗粒。在透射电子显微镜下观察蓝色羽毛的横截面，可以看到周期性排列的微结构，如图2.43（b）所示，这种黑色素颗粒的亚微米周期性结构导致光学干涉，并且黑色素对背景光具有吸收作用，不过，羽毛的宏观结构引起的漫反射对于孔雀羽毛的结构性色彩的形成也至关重要。蛋白石（Opal，音译为欧泊），又名澳宝、闪山云，是天然的硬化的二氧化硅胶凝体，为含水的非晶质二氧化硅。根据欧泊色调的显示，它可以分为无色、白色、浅灰、深灰一直

图2.43　生活中的几种光子晶体

到黑色。不同于其他宝石的是，欧泊所具有的迷人色彩是根据随机的"变色游戏"来呈现光谱中各种色彩的。通过扫描电子显微镜观察可见，在蛋白石中有球体和小颗粒，如图 2.43（c）所示，小球的排列通常不是很规则。大紫蛱蝶为大型蝶种，翅紫黑色，有白色斑点点缀其中。雌蝶体型较大，但是没有蓝紫色金属光泽。雄蝶的后翅包括彩虹色的蓝紫色区域、彩虹色的白色区域、黄色斑点和红色斑点以及棕色背景。通过扫描电子显微镜检查了雄蝶翅膀上的鳞片的微观结构后发现，黄色斑点、红色斑点和棕色背景中的鳞片具有几乎相同的结构，是由具有两层角质层的脊构成的光学衍射光栅，它们的区别来自所含的颜料。彩虹色的蓝紫色和白色的鳞片结构也相同，它们有七个倾斜的角质层搭接在脊上，这也构成了一个格栅。在这两种鳞片中，光栅中脊和槽的宽度不同。鲜艳的虹彩主要归因于从七个具有空气间隙的角质层［如图 2.43（d）所示］反射的光线之间的多重干涉。

自然界中不仅有生物采用光子晶体来显色，还有生物通过光子晶体来主动变色。变色龙可以根据环境的不同而变色，一般认为是由于变色龙体内的色素细胞的分散和聚集所致。瑞士研究人员通过对黑豹变色龙的研究，结合显微镜、光度摄像和光子晶体带隙模型，发现该变色龙通过主动调整真皮虹彩细胞中的鸟嘌呤纳米晶体的晶格来改变颜色。图 2.44（a）显示了两只雄性（代号为 m1 和 m2）的可逆颜色变化：在兴奋状态时，m1 的皮肤由平时的绿色变为黄色或橙色，水平条由蓝色变为白色；m2 的蓝色竖条上覆盖着红色色素细胞。尽管所有年龄和性别的黑豹变色龙都可以通过分散色素来调整皮肤的亮度，但成年雄性的另一个特点是体内颜色差异非常大，并且能够快速改变颜色。事实上，当遇到雄性竞争对手或潜在的易接受雌性时，成年雄性黑豹变色龙的变色过程在几分钟内发生，完全可逆。在 CIE（国际照明委员会）色度图中观察一只黑豹变色龙肤色的时间演变

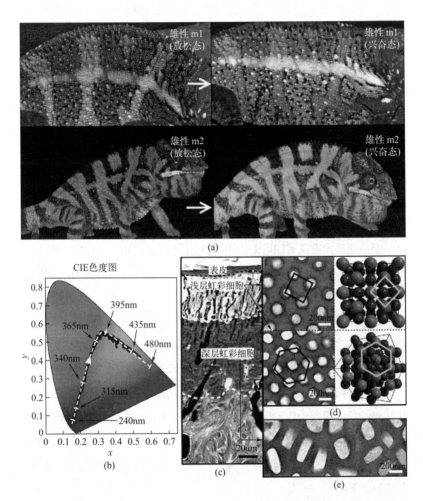

图2.44　黑豹变色龙的颜色变化和虹彩载体类型：（a）两名雄性（m1和m2）的可逆颜色变化；（b）红点—在高分辨率视频中第三名皮肤呈绿色的雄性的CIE色度图中的时间演变；白色虚线—使用鸟嘌呤晶体的面心立方晶格进行数值模拟时的光学响应，晶格参数用黑色箭头表示；（c）显示表皮和两层厚的虹彩细胞的白色皮肤横截面；（d）兴奋态虹彩细胞中鸟嘌呤纳米晶体的透射电子显微镜图像和面心立方晶格的三维模型（以两个方向显示）；（e）深层虹彩细胞中鸟嘌呤纳米晶体的透射电子显微镜图像

表明，光谱从可见电磁光谱的蓝色到绿色再到红色逐渐变化，如图 2.44（b）所示，这种现象很难仅通过色素在体内的分散和聚集来解释。通过对不同年龄和性别的黑豹变色龙进行组织学和透射电子显微镜分析表明，与其他不同的是，黑豹变色龙的皮肤由两层虹彩细胞组成，如图 2.44（c）所示，其中含有不同大小、形状和排列的鸟嘌呤晶体，如图 2.44（d）和（e）所示，浅层仅在成年雄性的皮肤中充分发育，带有小而紧密的鸟嘌呤晶体。这种高折射率和低折射率材料的排列有可能表现为光子晶体。通过使用鸟嘌呤晶体的面心立方晶格进行数值模拟，得到的光学响应如图 2.44（b）中白色虚线所示，可见，数值模拟跟变色龙的颜色变化十分吻合，也证明了该黑豹变色龙是通过改变表层的光子晶体结构来达到变色的目的。

变色龙是大家熟知的可变色的动物，而自然界中也有其他动物可以改变全部或部分皮肤的颜色，比如说鱼。长尾锥齿鲷的头部和身体上有明显的反光条纹。反光条纹包含一层密集的生理可调虹彩细胞，充当多层反射器。透射电子显微镜显示，虹彩细胞含有平均厚度为 51.4nm 的板。这种厚度的板具有叠层结构，可以对光线进行控制。这些条纹反射的波长可以在 0.25s 内从蓝色变为红色，如图 2.45 所示。每个变化周期可分为四个阶段：休息阶段、绿色阶段、红色阶段和恢复阶段。休息阶段为暗蓝色，从休息阶段经绿色阶段到红色阶段的变化大约在 0.25s 内完成。从黄色到绿色到蓝色的恢复阶段可能会持续几秒（通常约为 2s），之后可能会发生另一个循环。这个反射周期的开始及其任何阶段的持续时间完全在动物的控制之下。

通过在低倍显微镜下观察面部反射条纹横截面区域，如图 2.46（a）所示，在色素团（黑色色素）周围有许多虹彩细胞板（白色间隙），在切片过程中已断裂。在高倍显微镜下观察完整的虹彩细胞板，如图 2.46（b）、（c）所示，在虹彩细胞板内有多层结构，它们构成了光的多层反射体。研究表明，长尾锥齿鲷条纹的波长变化是由相邻板之间的距离变化（约 70nm）引起的。

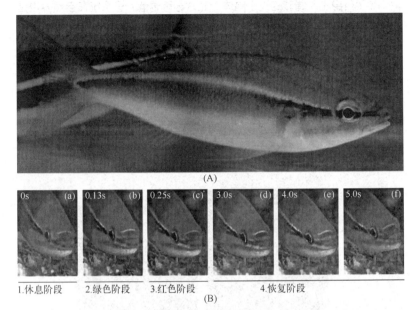

(A)

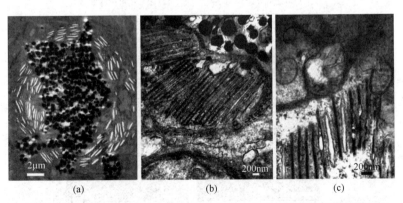

(B)

图2.45　（A）长尾锥齿鲷的反光条纹；（B）面部条纹的颜色变化：从蓝色（a），通过绿色（b），到红色（c），再通过黄色（d）和绿色（e）到蓝色（f）。每张照片的左上角显示了大致时间

图2.46　（a）面部反射条纹的低倍显微镜照片；（b）、（c）高倍显微镜下的虹彩细胞板

　　除了自身主动调节的光子晶体，光诱导可调谐光子系统在自然界也是存在的，比如，叶水蚤就具有这种功能。叶水蚤是一类体型跟蚂蚁差不多的生物，生活在温暖的热带和亚热带海域。它们属于桡足类的甲壳动物。它们可以发出奇特的荧光，并且可以变色。以色列研究人员研究了叶水蚤科的两种：金叶水蚤和奇桨剑水蚤。他们从红海海岸收集了50只雄性叶水蚤（40只金叶水蚤和10只奇桨剑水蚤，如图2.47），将它们分成两组，一组暴露在光下，另一组在黑暗中。在黑暗中的金叶水蚤呈品红色，而暴露

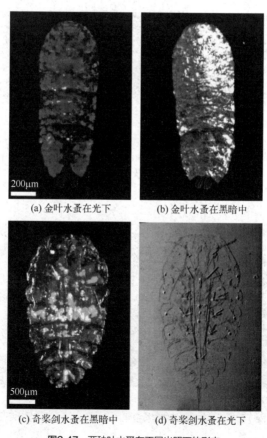

(a) 金叶水蚤在光下　　　　　(b) 金叶水蚤在黑暗中

(c) 奇桨剑水蚤在黑暗中　　　(d) 奇桨剑水蚤在光下

图2.47　两种叶水蚤在不同光照下的形态

在光下的则都变成了黄色。奇桨剑水蚤在黑暗状态下是蓝色的，在光下则变得完全透明。在这两种情况下，颜色的变化都是完全可逆的。雄性叶水蚤的颜色变化是结构性色彩，是由被细胞质分隔的有序的鸟嘌呤晶体层产生的。通过研究表明，雄性叶水蚤具有响应于光条件变化而改变其反射光谱的显著能力。这种颜色变化是通过分隔鸟嘌呤晶体的细胞质层厚度的变化实现的。这种变化是可逆的，并且与强度和波长有关。这种能力也为人类研究可调谐光子晶体提供了灵感。

自然界的许多生物通过各自的进化产生了具有光子晶体的结构，这些结构对于它们进行信息交流或规避风险提供了帮助。人们从自然界的生物身上也可以得到很多灵感，受到很多启发，从而设计出更多具有优异性能的新器件。

2.4 电磁学超材料吸波体

人们虽然一直生活在电磁场中，但是对它的了解却是一个艰辛的过程。通过无数研究人员的不断努力，最终构建起了麦克斯韦方程组和洛伦兹力方程等经典电磁学的基础方程。从这些基础方程的相关理论发展出了现代的电力科技与电子科技。

电磁波的应用已经无处不在，在通信、导航、探测等领域发挥着越来越广泛的作用。随之也出现了多天线干扰、电磁辐射和污染等问题，需要电磁吸波技术来消除有害电磁波，而且电磁吸波技术还可以为电磁隐身技术（指雷达探测不到反射波）、电磁兼容提供解决方案，此外在能量收集、传感和探测等方面也有广阔的应用前景。

电磁吸波体是指通过使用高损耗材料或强谐振结构将入射电磁波的能量耗散和吸收掉的结构。按吸波体的损耗机制可以分为：电阻型损耗、磁介质损耗和电介质损耗。传统的电磁吸波体存在体积大、带宽窄的问题，超材料的出现为电磁吸波体提供了新的方案，并具有优异的性能。电磁学超材料吸波体有望在未来发挥越来越重要的作用。

2.4.1 电磁学超材料吸波体的工作原理

吸波材料是一种对电磁波进行有效吸收而反射和透射都很小的材料。对吸波材料的一个重要需求来自军事领域。自从雷达被应用以来，如何躲避雷达的探测成为各国研究的热点。雷达发射电磁波对目标进行照射并接收其回波，由此获得目标至电磁波发射点的距离、距离变化率、方位、高度等信息。如果在机身表面有一层吸波材料，对探测的电磁波没有反射，也就不会被捕捉到。

电阻型损耗材料的吸收机制与其材料的电导率密切相关，电磁波到达该材料时，电场的变化会引起电流与磁场变化，引起涡流，从而使电磁波能量主要转化成热能，达到吸波目的。磁介质损耗材料主要是通过动态磁化过程中的磁损耗，来实现波能量损耗。电介质损耗材料的吸波机制主要是通过介质的反复极化而出现的"摩擦"作用，将电磁波能量转化为热能，使其损耗。

传统的吸波材料主要是吸波涂料和吸波结构。吸波涂料主要有磁损型涂料和电损型涂料两种：磁损型涂料主要通过将铁氧体等磁性颗粒分散填充在介电聚合物中获得，这种涂料在低频段对电磁波有较好的吸收效果；电损型涂料通常是以介电聚合物为黏结剂将不同形式的吸收剂黏结在一起获得，在高频段的吸收较好。磁损型涂料和电损型涂料都有各自的缺点：磁损型涂料的密度较大，高频段吸收特性差；电损型涂料的厚度较大。吸波结构具有承载和吸波的双重作用，经典的吸波结构有 Salisbury 屏、Jauman 吸波体、Salisbury/Dallenbach 屏等。吸波结构一直存在体积较大、带宽较窄的问题，虽然带宽会随着屏数的增加而有所改善，但厚度也会随之增加。

电磁学超材料的出现给电磁波的传播和控制提供了新的解决方案，电磁学超材料吸波体也得到了广泛的研究。为了描述介质的吸波特性，引入吸收率的概念。吸收率是描述介质对电磁波吸收特性的重要参数，可以通过下面公式计算

$$A(\omega) = 1 - R(\omega) - T(\omega) \qquad （2.15）$$

式中，R 为反射率，T 为透射率，ω 为频率。由于介质对电磁波的反射、透射和吸收跟频率有关，是频率的函数，所以说明介质的吸收率时要注明频率。为了提高介质的吸收率，首先要减小反射率，在设计吸波体结构时，要使介质表面和外部空间尽量实现阻抗匹配，保证电磁波能够大部分进入介质内。在吸波体内，要有电磁共振等结构，从而保证进入的电磁波被损耗掉，不会透射出去。超材料吸波体的工作原理如图 2.48 所示。

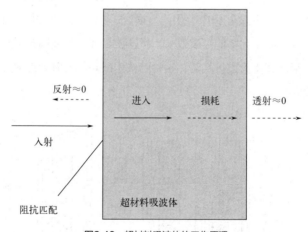

图2.48　超材料吸波体的工作原理

2.4.2　电磁学超材料吸波体的几种结构

与传统的吸波材料不同的是，基于电磁学超材料的吸波体主要依赖于

其结构，因此，根据不同的目标，可以有针对性地设计不同结构的单元，进而构成整个吸波体。理想中的吸波体应该具有完美的吸波效果和宽频的工作范围。

在超材料被提出之前，人们就已经研究了多种吸波材料和结构，但没有材料或结构能够得到完美的吸波效果。2008 年，Landy 等人设计了一款完美吸波体，它由电谐振环、介质和短电线组成电谐振器和磁谐振器，如图 2.49（a）～（c）所示，它通过单层单元结构就可以实现对入射电磁波所有辐射部分的吸收。他们通过有限元软件计算了单个单元对磁场的作用效果，单元尺寸为：a_1=4.2mm，a_2=12mm，W=3.9mm，G=0.606mm，t=0.6mm，L=1.7mm，H=11.8mm，两个部分之间的间距为 0.65mm。得到的结果如图 2.49（d）所示，在 9GHz 到 14GHz 的区间内，两端的反射率非常高，大约为 97%，但在 11.65GHz 时，反射率达到最小值 0.01%，而此时的透射率也只有 0.9%，因此，根据式（2.15）可以得出吸收率为 99% 以上，达到了完美的吸波效果。通过在 FR4 环氧玻璃布层压板基体上粘贴铜箔制成单元进行实验，实验结果也证明了该单元结构具有很好的吸波效果。

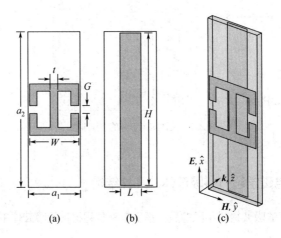

(a) (b) (c)

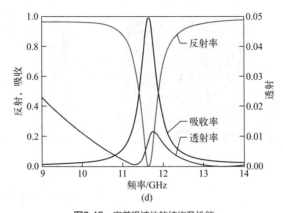

图2.49　完美吸波体的结构及性能

（a）电谐振器；（b）切割线；（c）单元结构；（d）吸波效果

上述单元模型虽然能够在特定的频率上达到近乎完美的吸波效果，但是只能够针对单一的频率，而对其他频率的电磁波的吸收率较低。为了能得到多频率的吸波体，东南大学的崔铁军教授等人设计了一款微波范围内的三波段吸波体。它的单元由三个嵌套的闭环电谐振器和一个由电介质层隔开的接地的金属平面组成，如图 2.50（a）和（b）所示。优化后的结构参数为：L_1=9.6mm，L_2=7.3mm，L_3=5.5mm，a=10mm，w=0.5mm，t_1=0.018mm，t_2=0.78mm。他们在立式印刷电路板上加工出了实验模型，如图 2.50（c）所示，并进行了实验研究。数值模拟和实验结果表明，该模型在 4.06GHz、6.73GHz 和 9.22GHz 处具有三个不同的吸收峰，吸收率分别为 0.99、0.93 和 0.95，吸波效果较好 [图 2.50（d）]。

其他形式的嵌套电谐振器结构也可以实现多频吸波体，这些结构都较为复杂，江南大学王本新等人通过在矩形金属贴片中引入气隙，可以将原始矩形谐振器分成多个子结构，并且这些子结构的局部共振响应的组合效应产生了多频带吸收。气隙的大小、位置和数量在控制吸收峰的共振性能以及在调节吸收峰的数量方面起着重要作用。如图 2.51 所示为一个双频吸波体的单元及吸波效果，基体上的矩形金属片被一个气隙分离，结构参数

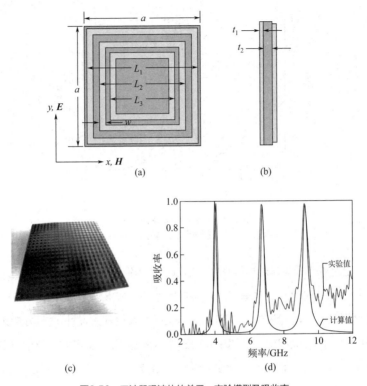

图2.50 三波段吸波体的单元、实验模型及吸收率

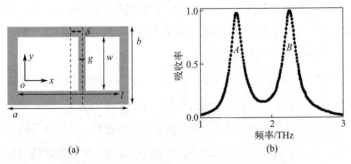

图2.51 基于矩形金属片的双频吸波体单元及吸波效果

为：a=100μm，b=70μm，l=94μm，w=44μm，气隙宽度g=6μm，气隙中心与单元中心的距离为δ=10μm。在吸收率的图上可以清楚地看到有两个接近于1的峰值，对应的频率为1.5 THz和2.25 THz，属于太赫兹的频率范围。与其他的多波段吸波体相比，这种方法不增加单元的尺寸、设计简单紧凑、易于制造，为太赫兹波段的超材料吸波体的设计提供了新思路。

虽然多频段吸波体能够在多个频率上达到较好的吸波效果，但是这些频率是离散的值，无法在一个较宽的频率范围内都具有较好的吸波效果，因此，根据某些应用场合的需要，宽频吸波体也亟须实现。

Fei Ding 等人设计了一款微波段的宽频超材料吸波体，模型如图 2.52（a）所示，它是由在各向同性的金属膜上周期性排列一系列的四角锥台组成，四角锥台由多层的金属和介电材料构成，单元的结构如图 2.52（b）所示，每个金字塔型的锥台是由 20 个不同尺寸的铜片依次排列而成，铜片之间用介电材料 FR4 分离，这些金字塔在多个频率下具有共振吸收模式，它们的重叠作用导致模型在超宽的光谱带上对入射波完全吸收。他们加工的实验模型如图 2.52（c）所示，模型参数为：W_t=5mm，W_l=9mm，P=11mm，t_m=0.05mm，t_d=0.2mm，T=5mm。通过数值计算和实验，证明了模型对入射波的吸收效果，数值计算结果如图 2.52（d）所示，在一定的频率范围内具有接近于 1 的吸收效果，而实验与数值计算的结果对比如图 2.52（e）所示，两者吻合较好，实验证明，在 7.8～14.7GHz 的频率范围内，正入射时的吸收率超过 90%，具有良好的宽频吸收效果。

在太赫兹范围内也研究出了具有宽频吸波效果的超材料吸波体。比如 Mingwei Jiang 等人设计了一款基于掺杂硅超材料的宽频太赫兹吸波体，如图 2.53（a）所示，它的单元由方形硅环和硅基组成，设计的尺寸为：P=50μm，l_1=37μm，l_2=29μm，t_1=49μm，t_2=50μm。数值计算结果表明，所设计的吸波体在 0.7～5.7THz 的频率范围内具有优异的吸波性能，中心频率为 3.2THz，相对带宽比为 156.25%，吸收率大于 90%，它的反射、透射和吸收频谱如图 2.53（b）～（d）所示，可见该设计在太赫兹频段具有良好的宽频吸波效果，而且它在宽入射角范围内仍表现出良好的性能。

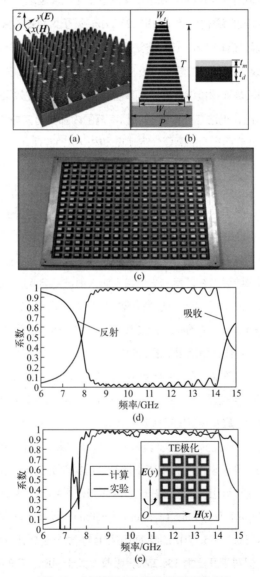

图2.52　宽频超材料吸波体的模型及吸收效果

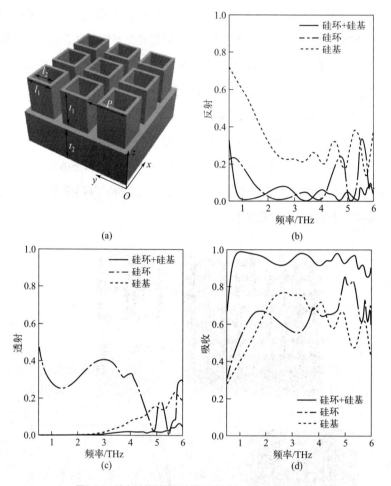

图2.53 掺杂硅超材料吸波体及其反射、透射、吸收频谱

英国学者使用传统喷墨打印技术制作了一款对偏振不敏感、广角、宽频、柔性的电磁学超材料吸波体。它可以覆盖平坦或弯曲的几何结构，如图 2.54（a）和（b）所示。它的单元由四个开口谐振环组成，这些开口谐振环的开口并不是朝着同一方向，而是依次旋转 90°。首先，几何结构的金属部分由低电阻率的铜迹线组成。接下来，为了增加频率带宽，使

用传统喷墨打印机打印的电阻负载迹线来代替铜迹线，加工后的迹线如图中的局部放大图所示。对于正入射，模拟和测量结果都表明：无论偏振如何，所提出的平面吸波体对于在 6.9 ~ 29.9GHz 的频率范围内的波的吸收率都高于 0.8；而弯曲吸波体由于偏振的不同，对于在 6.6 ~ 29GHz 或 10.5 ~ 29.6GHz 的频率范围内的波的吸收率超过 0.8。对于斜入射，TE 和 TM 偏振在入射角为 0° ~ 45° 时的吸波频率分别为 7.7 ~ 29.9GHz 和 9.9 ~ 29.9GHz。通过有限元软件的数值模拟得到的平面吸波体和弯曲吸波体对于电磁波的吸收频谱如图 2.54（c）所示，该结构不管是平面结构还是弯曲结构都具有宽频的吸波效果。

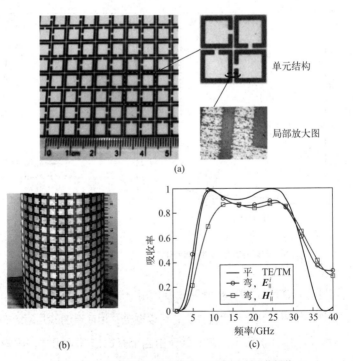

图2.54 平面和弯曲的电磁学超材料吸波体及其吸收频谱

2.4.3　电磁学超材料吸波体的应用

电磁波是由同相振荡且互相垂直的电场与磁场在空间中衍生发射的振荡粒子波，是以波动的形式传播的电磁场，具有波粒二象性，其性质可以通过麦克斯韦方程组来描述。整个电磁波的波谱如图 2.55 所示，其中，无线电波、微波、红外线、可见光、紫外线为非电离辐射，X 射线和 γ 射线为电离辐射。电磁波是我们生活中必不可少的一部分，可见光不必说，其他频段的电磁波也已经应用到了生产、生活的方方面面，比如：无线电波可以用于广播、通信、导航等；微波可以用于食物加热等；红外线可以用于遥控、热成像等；紫外线可以用于杀菌等；X 射线和 γ 射线可以用于医学领域等。

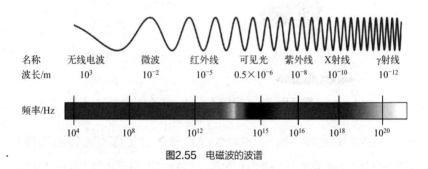

图2.55　电磁波的波谱

电磁波的应用虽然越来越广泛，但是对电磁波的有效吸收也是一个亟须解决的问题。首先，紫外线、X 射线、γ 射线等对人体的健康具有危害，因此，在非必要情况下尽量远离紫外线和电离辐射。低频段的电磁波对人体的伤害没有那么大也容易被忽视，部分人群若长时间处于电磁辐射的环境中，可能会影响机体功能。比如胎儿长时间受强的磁辐射可能会出现发育问题，因此，能够对电磁波进行有效吸收而阻止电磁波辐射的吸波体可以保护人体免受电磁波的辐射。其次，在某些应用场合也需要吸波体对电磁波进行吸收而阻止电磁波的反射，比如军用领域的隐形飞机。如果雷达发射的电磁波在飞机表面不发生反射（或散射到其他方向），雷达就无法探测到飞机的存在，因此就出现了隐形飞机的概念，如图2.56所示。

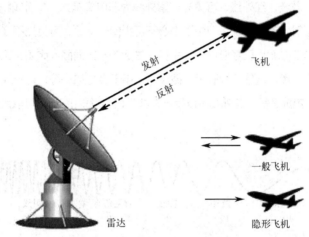

图2.56　雷达的工作原理及对抗雷达探测的需求

在雷达探测技术不断发展的同时，如何降低飞机的反射波（特征信号）以提高飞机的生存能力变得尤为重要。许多国家都早早致力于隐形飞机的研制。随着科技的发展，美国于1975年研制出了实用的隐形飞机——F117隐形战斗机，之后又研发了B2隐形轰炸机等多种机型，如图2.57所示。它们所用的原理一般为：采用独特的外形设计并使用特殊的吸波、透波材料，以降低飞机对雷达波的反射；降低飞机发动机喷气的温度或采用隔热、散热措施，减弱红外辐射。为了能够研制性能更优异的隐形飞机，各种方案和材料被不断提出。基于超材料的吸波体具有优异的吸波性能，因此有望在隐形飞机方面获得应用。

(a)

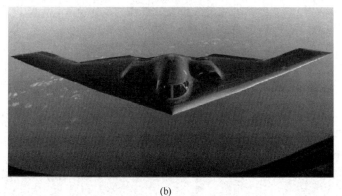

(b)

图2.57 具有电磁波隐身功能的F117战斗机和B2轰炸机

再者，电磁波信号容易受到干扰。不同的电磁波叠加在一起会形成新的电磁波，容易将原来的电磁波信息掩盖。而电磁噪声的普遍存在，使得电磁屏蔽材料或结构十分必要。基于超材料的吸波体可以对电磁波进行有效的吸收，从而保护内部装置免受外部电磁场的影响，起到屏蔽外界电磁场的作用。

综上所述，由于电磁波的广泛应用，许多场合越来越需要优良的吸波材料。电磁学超材料吸波体具有优异的吸波特性，而电磁学超材料的性质还可以通过超材料单元的类型、结构和尺寸来调节，因此电磁学超材料吸波体可以根据需求来设计其单元结构，在军事、工业、生活领域都具有广阔的应用前景。

第3章　声学/力学超材料

声学/力学超材料是超材料的一类，它们往往由人工构建的特殊微结构周期性排列而成，该类微结构也称为超材料单元。它们常常具有超常的声学或力学性质，比如超轻、高刚度、低剪切模量、负的等效性质、各向异性等。它们又可以用来制作各种具有特殊性质的声学或力学器件，比如声学隐身斗篷、声波旋转器等。本章针对声学/力学超材料中性质较为特殊、研究比较广泛的声学隐身斗篷、声子晶体、负泊松比超材料、五模超材料进行了介绍，最后介绍了声学/力学超材料的常用加工方法。声学/力学超材料类型繁多，本章涵盖范围有限，读者如果感兴趣，可以查阅相关文献，获取超材料的研究进展。

3.1　声学隐身斗篷

声波是一种机械波，声波在传播过程中遇到障碍物时可能会发生反射，比如对着远处的高山大喊一声，会听到回声。利用回声现象可以进行距离的测定，因为声波在单一介质中的速度是恒定的，如果声速已知，通过测量入射波和反射波之间的时间差，就可以计算出反射面与声源的距离。

自然界中许多生物具备回声定位的功能，比如蝙蝠、海豚等。蝙蝠的视力并不好，它们能在黑暗的环境中较快地飞行而不会与障碍物相撞，并且能在黑暗的环境中捕食，靠的就是回声定位的功能。它们能发出一种超声波脉冲，当超声波脉冲遇到食物或障碍物时会发生发射，反射的超声波脉冲被两耳接收，从而据此判断物体的远近、形状和性质。人们利用相似的原理，制成了现代化的探测工具——主动声呐。声呐是水声学中应用最广泛、最重要的一种装置，它可以用于对水下目标进行探测、分类、定位和跟踪，进行水下通信和导航，用于水文测量和海底地貌勘测等。蝙蝠的回声定位功能和主动声呐的原理如图3.1所示，它们都是通过声波来对物体进行探测。

图3.1　蝙蝠的回声定位和主动声呐探测

声呐探测的存在，使得原先不易被发现的水下的航行器无所遁形，那如何使水中的物体逃过声呐的探测？

一种方法是表面增加吸声材料。当声波到达物体表面时，声能被吸声材料吸收，不会有声波的反射，也就不会被声呐直接探测到。但是，由于声能被全部吸收，没有声波透射，原本被海底反射的声波也不会出现，如果声呐垂直发射，也可以从测量结果中推测出异常。该原理的示意图如图 3.2 所示。

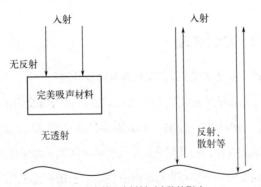

图3.2　完美吸声材料对声路的影响

要想完全消除障碍物的影响，另一种方法是设计一种声学隐身斗篷。它将一个空间（其中可以放置任何物体）包裹起来，当声波传播到斗篷时，斗篷将声波引导到其他的区域传播，不会进入到所包裹的空间，并且不会对外部声场产生任何干扰。从斗篷外面的任意一点进行测量，都跟斗篷和物体不存在时的情况一样，斗篷和物体如同在声场中隐身了一样。一个不规则形状的二维声学隐身斗篷在声场中的仿真效果如图 3.3 所示。

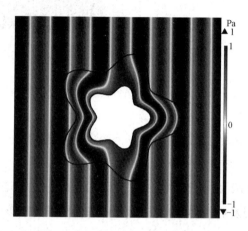

图3.3　声学隐身斗篷在声场中的仿真效果

3.1.1　变换声学的原理

如何设计一款全方位工作的宽频声学隐身斗篷？

一种可行的方法是通过变换声学的方法得到声学隐身斗篷的理论性质，如图 3.4 所示，假设虚拟空间 Ω 具有跟环境相同的性质，而物理空间 ω 即所需要的斗篷的性质，现欲将虚拟空间的声波压缩到物理空间中，经过坐标变换和公式推导，来得到物理空间的性质。已知声波在无源介质中传播时遵循波动方程

$$e_a \frac{\partial^2 u}{\partial t^2} + \nabla \cdot (-c\nabla u) = 0 \qquad （3.1）$$

式中，u 为压力或速度；t 为时间；e_a 和 c 为系数；∇ 为哈密顿算子，

在二维笛卡儿坐标下 $\boldsymbol{\nabla}=\left[\dfrac{\partial}{\partial x},\dfrac{\partial}{\partial y},\dfrac{\partial}{\partial z}\right]$。在各向同性且均质的介质中，波动

方程可以简化为常见形式

$$\frac{\partial^2 u}{\partial t^2}=a^2\ \boldsymbol{\nabla}^2 u \qquad (3.2)$$

假设环境为均匀的介质（密度为 ρ_b，体积模量为 κ_b），声波在虚拟空间中传播时遵循波动方程，如果波动为简谐运动，可以将时间变量去掉，进而得到关于空间的亥姆霍兹方程，如果以声压为变量，得到关于声压的亥姆霍兹方程为

$$\boldsymbol{\nabla}_{\mathrm{X}}\cdot\left(\rho_b^{-1}\boldsymbol{\nabla}_{\mathrm{X}}p_{\mathrm{X}}\right)+\frac{\omega^2}{\kappa_b}\,p_{\mathrm{X}}=0 \qquad (3.3)$$

式中，ω 为角频率，p 为声压，下标 X 指虚拟空间。

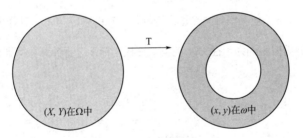

图3.4 虚拟空间到物理空间的映射

变换声学需要用到雅可比矩阵，对于二维笛卡儿坐标来说，雅可比矩阵

$$\boldsymbol{J}=\begin{bmatrix}\dfrac{\partial x}{\partial X} & \dfrac{\partial x}{\partial Y}\\[2mm]\dfrac{\partial y}{\partial X} & \dfrac{\partial y}{\partial Y}\end{bmatrix}$$

通过推导可得到物理空间的声压 p 在虚拟空间坐标下的亥姆霍兹方程为

$$\nabla_{\mathbf{X}} \cdot \left[\det(\boldsymbol{J}) \left(\boldsymbol{J}^{\mathrm{T}} \boldsymbol{\rho} \boldsymbol{J} \right)^{-1} \nabla_{\mathbf{X}} p \right] + \frac{\omega^2}{\kappa / \det(\boldsymbol{J})} p = 0 \qquad (3.4)$$

比较式（3.3）和式（3.4）可知，当满足

$$\det(\boldsymbol{J}) \left(\boldsymbol{J}^{\mathrm{T}} \boldsymbol{\rho} \boldsymbol{J} \right)^{-1} = \rho_{\mathrm{b}}^{-1}$$

$$\kappa / \det(\boldsymbol{J}) = \kappa_{\mathrm{b}} \qquad (3.5)$$

时，映射点处的声压相同。因此，得到斗篷的理论性质

$$\boldsymbol{\rho} = \rho_{\mathrm{b}} \det(\boldsymbol{J}) \left(\boldsymbol{J}^{\mathrm{T}} \right)^{-1} \boldsymbol{J}^{-1}$$

$$\kappa = \kappa_{\mathrm{b}} \det(\boldsymbol{J}) \qquad (3.6)$$

其中，密度为张量，通常为各向异性，体积模量为标量。它们的值都依赖于环境的性质（ρ_{b}，κ_{b}），当环境改变时，它的性质也相应改变。

如图3.5所示，设计一个圆环形斗篷，它的内径为 R_1，外径为 R_2，与它映射的虚拟空间为半径为 R_2 的圆。在极坐标下进行计算，得到该斗篷的性质为

$$\boldsymbol{\rho} = \rho_{\mathrm{b}} \begin{bmatrix} \dfrac{r}{r - R_1} & 0 \\ 0 & \dfrac{r - R_1}{r} \end{bmatrix}$$

$$\kappa = \kappa_{\mathrm{b}} \left(\frac{R_2 - R_1}{R_2} \right)^2 \times \frac{r}{r - R_1} \qquad (3.7)$$

将得到的性质赋给斗篷，将其放置于声场中进行仿真，得到图3.5右图，斗篷使声波完全绕过了障碍物，斗篷外的声场跟声波在均匀物质中传播一样，没有受到任何的影响，既没有反射，障碍物后也没有阴影。

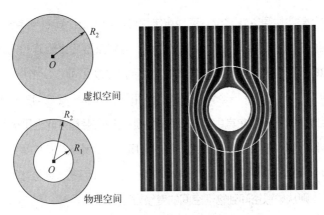

图3.5　圆环形斗篷的设计及声场仿真

　　除了对虚拟空间和物理空间进行整体的坐标变换之外，也可以将两个空间分成一系列区域，在每个区域上应用坐标变换，得到每个区域的性质。每个区域的变换关系不尽相同，需要保证相连区域的边界处变换关系一致，以保证性质的连续性。图 3.6 所示为一个不规则形状的物体，依据其外形设计了一款非规则形状的斗篷。由于斗篷的形状是分段的，根据其特点，将其划分为一系列区域，计算每个区域的性质。将得到的斗篷在声场中进行两个方向的仿真，验证了所设计的斗篷在不同方向上都可以起到隐身的效果。

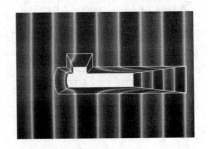

图3.6　分段设计的斗篷在两个方向的声场仿真

除了声学隐身斗篷之外，变换声学也可以用来设计其他声学器件，只要根据虚拟空间到物理空间的映射关系，得到其雅可比矩阵并代入到式（3.6）即可得到器件的性质。如图 3.7 所示，虚拟空间（X，Y）映射到物理空间（x，y），设计一个宽度为 a 的波束移位介质，在均匀的背景介质中水平传播的波，若在其中放入该介质，则波束在竖直方向上平移距离 b，波的传播如图中箭头所示。如果以所求介质的左侧为横坐标的零点，则在区域为 $x=[0，a]$ 的空间上进行坐标变换。横坐标不变，纵坐标为 X 的线性方程，则从虚拟空间到物理空间的变换方程为

$$x = X, \qquad y = Y + \frac{b}{a}X, \qquad z = Z \qquad （3.8）$$

变换的雅可比矩阵为

$$J = \begin{bmatrix} 1 & 0 & 0 \\ \dfrac{b}{a} & 1 & 0 \\ 0 & 0 & 1 \end{bmatrix} \qquad （3.9）$$

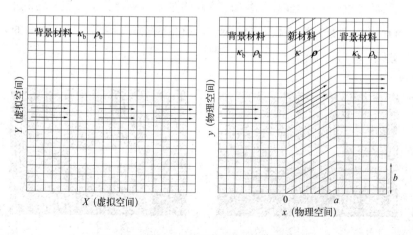

图3.7　波束移位介质设计中的虚拟空间和物理空间

将式（3.9）代入式（3.6），即可得到波束移位介质的性质为

$$\kappa = \kappa_b \tag{3.10}$$

$$\boldsymbol{\rho} = \rho_b \begin{bmatrix} 1+\left(\dfrac{b}{a}\right)^2 & -\dfrac{b}{a} & 0 \\[3mm] -\dfrac{b}{a} & 1 & 0 \\[2mm] 0 & 0 & 1 \end{bmatrix}$$

将得到的介质置于背景材料中，从左侧背景中入射一个声波，通过有限元软件进行数值计算，得到在波束移位介质附近的声场，如图3.8所示，不管是水平入射的声波还是斜入射的声波，在通过波束移位介质后，都在竖直方向上移动了一段距离，而波的传播方向不变。数值计算结果验证了通过变换声学得到的介质的性质准确性。

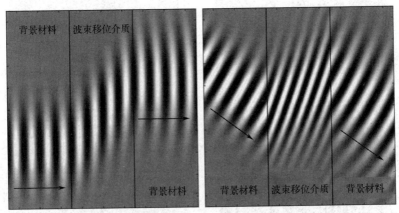

图3.8 波束移位介质在水平入射波和斜入射波作用下的声场

变换声学是一个实用的方法，只要确定好了坐标变换的关系，就可以设计出相应的器件，达到需要的声波操纵效果，因此，一些有趣的器件就可以设计出来，比如声波旋转器。图3.9（a）中的空心五边形为虚拟空间，

它分成了一系列三角形区域，这些三角形区域可以分为两类：与内边界接壤的三角形为一类，与外边界接壤的三角形为另一类。图 3.9（b）中的空心五边形为物理空间，虚拟空间的三角形 AB_1A_1 映射到物理空间 $A'B_1'A_1'$，虚拟空间的三角形 ABB_1 映射到物理空间 $A'B'B_1'$，其他三角形的变换类似。经过这些变换，虚拟空间中内五边形的边界处的声场就进行了一个旋转，根据变换关系，通过变换声学就可以得出各个三角形区域的性质。将得到的声波旋转器放到声场中进行数值计算，得到的结果如图 3.9（c）和（d）

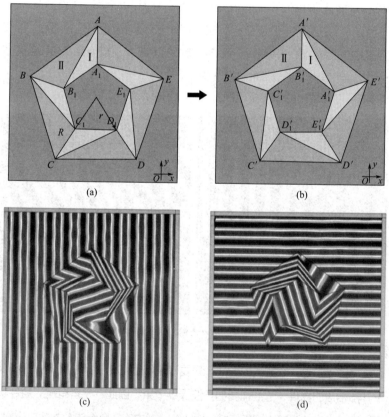

图3.9　基于变换声学的声波旋转器的设计及数值计算

所示，内部的声场方向跟外部的声场不一致，经过了一个旋转，而且外部声场并没有受到影响。

3.1.2 层级结构超材料

通过变换声学得到的超材料器件一般都具有各向异性。在实际生活中，也经常会碰到各向异性的材料，比如木材，它们内部的纤维具有方向性，导致它们在不同方向上的性质不同。但自然界中的各向异性材料，它们的性质是固定的。如果需要特定的各向异性材料，只能通过人工材料来实现。两种材料交替排列成层级结构就是一个简单的各向异性材料，而且它们的等效性质可以通过两种材料的不同性质及厚度来调节。

通过变换声学得到的声学超材料器件的性质一般包含各向异性的密度和一个体积模量。这种性质可以通过层级结构来实现。两种各向同性且均质的材料（密度和体积模量分别为 ρ_1 和 ρ_2，κ_1 和 κ_2）交替排列，如图 3.10

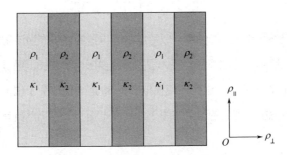

图3.10 两种材料交替排列构成的层级结构

所示，当层厚远小于波长时，该结构可以等效成一个各向异性的材料，它的等效性质为

$$\rho_\perp = \frac{\rho_1 + \eta\rho_2}{1 + \eta} \qquad (3.11)$$

$$\frac{1}{\rho_{\parallel}} = \frac{1}{1+\eta}\left(\frac{1}{\rho_1} + \frac{\eta}{\rho_2}\right)$$

$$\frac{1}{\kappa} = \frac{1}{1+\eta}\left(\frac{1}{\kappa_1} + \frac{\eta}{\kappa_2}\right)$$

式（3.7）所表示的圆环形斗篷的性质都是半径 r 的函数，在半径相同处的性质都相同，半径不同处的性质不同，这种性质适合采用同心的层级结构来实现。由于层厚要远小于波长，波长越短，则要求层级越密。根据式（3.7）和式（3.11），得到圆环形斗篷层级材料的性质为

$$\frac{\rho_1}{\rho_b} = \frac{r}{r-a} + \sqrt{\left(\frac{r}{r-a}\right)^2 - 1}$$

$$\frac{\rho_2}{\rho_b} = \frac{r}{r-a} - \sqrt{\left(\frac{r}{r-a}\right)^2 - 1} \qquad （3.12）$$

$$\frac{\kappa_1}{\kappa_b} = \frac{\kappa_2}{\kappa_b} = \left(\frac{b-a}{b}\right)^2 \frac{r}{r-a}$$

它们仍然是半径 r 的函数，取每层中间位置的性质作为该层材料的性质，组成层级结构的圆环形斗篷，层的厚度要远小于波长。通过有限元软件 COMSOL Multiphysics 进行数值模拟，将 50 层斗篷放置于幅值为 1Pa 的声场中进行分析，得到的结果如图 3.11 所示。可见，它仍然具有很好的隐身效果。

美国杜克大学 Steven A Cummer 教授团队通过实验研究了一种各向异性的声学超材料。这种超材料是由在空气背景中放置的长方形的固体材料组成，如图 3.12（a）所示，由于长方形结构在两个方向的尺寸不一样，因此从 x 方向和从 y 方向计算得到的等效性质就会不同。计算所用单元的尺寸如图 3.12（b）所示，在有限元软件 COMSOL Multiphysics 中，通过

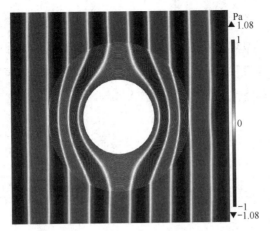

图3.11 层级结构的圆环形斗篷在声场中的效果

在x方向和y方向施加声场，根据反射和透射来获得两个方向的等效密度，如图3.12（c）和（d）所示。在500~3000Hz的频率范围内得到的两个方向的等效密度如图3.12（e）和（f）所示，在该范围内y方向的等效密度几乎恒定，x方向的等效密度稍微有变化，在3000Hz时，x方向的等效密度为2.9（相对于空气密度），y方向的等效密度为1.2，两个方向的等效密度比值达到了2.41，具有较好的各向异性。

上述模型为二维结构，可以将其扩展到三维结构。对于三维结构来说，如果在空间中周期性布置薄的刚性板，如图3.13（a）所示，由于板的面积大而厚度小，平行于xy平面方向的波可以自由传播，在z方向的波会受到阻碍。如果将板（$\kappa=160\text{GPa}$，$\rho=7860\text{kg/m}^3$）放置于水（$\kappa=2.2\text{GPa}$，$\rho=1000\text{kg/m}^3$）中，对该模型进行分析，结果如图3.13（b）所示。当$d=167\mu\text{m}$，$s=100\mu\text{m}$，板的厚度为$10\mu\text{m}$固定时，两个方向的等效密度的比值与板的边长l的关系如图所示，可见l对密度影响很大。如果在板上加上半球形的气泡，半径$r=3.7\mu\text{m}$，体积模量相对于无气泡时有显著的变化，而气泡对等效密度的影响可以忽略，因此，通过改变气泡的大小可以独立地调节体积模量。因此，该结构可以独立且有效地调节各向异性的密度和体积模量，可以用于实现多种根据变换声学方法得到的声学超材料器件。

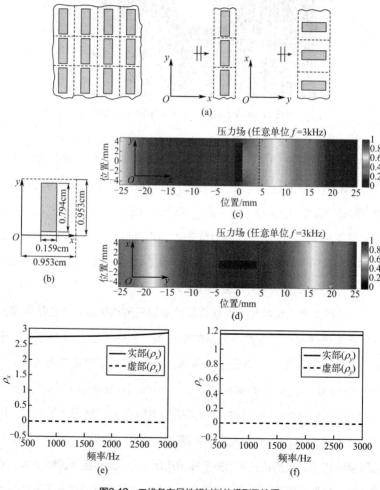

图3.12　二维各向异性超材料的模型及性质

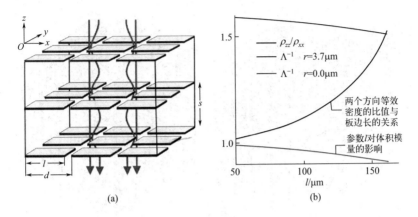

图3.13 三维各向异性超材料及其等效性质

除此之外，也有研究者通过带孔板材对水环境下的各向异性超材料进行了研究。如图 3.14（a）所示为由具有周期性孔洞的钢板放置在水背景中形成的各向异性超材料，该超材料具有类似流体的特性，图中虚线区域为单元模型，模型由 6×6×6 个单元组成。该模型相对于水的等效密度为 ρ_x=1.7，ρ_y=ρ_z=1.1，两个值的比约为 1.5，材料参数很理想。然而，由于钢板通过水层隔离，这种结构并不稳定，需要添加支撑使其更加坚固，如图 3.14（b）所示，在模型中间增加了一个圆柱体，虽然稳定了结构，但也导致了各种类型的机械波都可以在其中传播。

前面介绍的各向异性超材料的性质都是不可调的，美国罗格斯大学设计了一款可调的声学超材料。它是基于亚波长盘状粒子的悬浮液，其取向和粒子间相互作用由外部磁场控制。粒子在不同方向的尺寸不一样，也就使得超材料具有各向异性，当外界磁场的方向改变时，粒子的朝向也随之改变，从而改变超材料在特定方向上的声学性质，如图 3.15 所示。因此，该流体具有各向异性的、主动可控的声速。

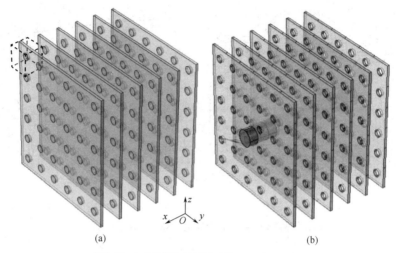

图3.14 各向异性的类流体超材料模型及加固模型

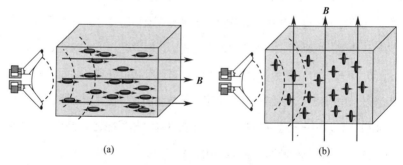

图3.15 可调声学超材料在不同方向的磁场作用下的粒子朝向

本节介绍了几种实现各向异性的超材料结构，它们对于根据变换声学得到的超材料器件的实现十分重要，因为通过变换声学得到的声学器件一般都会具有各向异性的密度和一个体积模量，也就具有各向异性的声速。根据声学超材料器件的理论性质，通过设计各向异性的超材料结构，进而可以制作出具有特殊性质的声学超材料器件。

3.1.3　声学隐身斗篷的探究

声学隐身斗篷的出现是受电磁隐身斗篷的启发，一般通过变换声学得到其理论性质。当然，也有学者通过其他方法实现声学隐身的功能。图3.16所示为两款实现声学隐身的装置，左图的装置基于零密度材料，它可以实现超常的声波传导，将入射波传递到装置后面，其内部被包裹的空间可以进行其他的应用，不会影响波的传导。右图为基于特殊布置的圆柱组的声学隐身装置，大圆柱会使声波反射和散射，并且导致圆柱后出现阴影，在大圆柱周围设计一组小圆柱，通过计算特定声波频率下小圆柱的位置，达到消除中间大圆柱对声场的影响的目的。它们的缺点一个是入射方向是一定的，如果改变入射方向，就不再具有声学隐身的功能；另一个是它们都是针对特定频率的，只能在特定频率下工作。

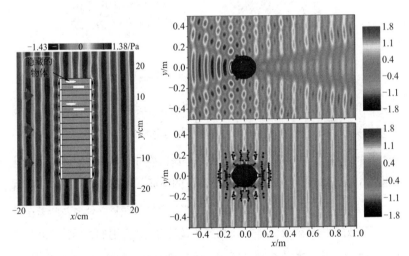

图3.16　基于零密度材料和特殊布置的圆柱组设计的声学隐身斗篷

采用变换声学方法设计的声学隐身斗篷可以具有宽频和全方位工作的特性，也可以设计单向斗篷以减小制造难度。从维度上来讲，声学隐身斗篷可以分为一维声学隐身斗篷（包括地面斗篷）、二维声学隐身斗篷和三维声学隐身斗篷。

（1）一维声学隐身斗篷

隐身斗篷最初是从电磁学隐身斗篷开始的，一开始是全方位工作的斗篷。2008 年，Jensen Li 和 J. B. Pendry 设计了一款地面斗篷，如果地面上有一个物体，在上面放置地面斗篷，其达到的效果相当于单独的地面的效果。设计思路如图 3.17 所示，通过物理空间和虚拟空间的映射，可以计算出斗篷的性质。类似的思路可以用在声学隐身斗篷上。

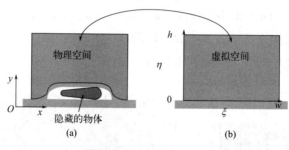

图3.17 地面斗篷的设计思路

2010 年西北工业大学设计了一款单向的声学隐身斗篷，通过单向的线性映射关系设计出菱形斗篷，它由四个均质部分构成，四部分具有对称关系，这种斗篷的设计大大降低了制造的难度。该斗篷在声场中的数值模拟如图 3.18 所示：图（a）为无斗篷情况下的声场，具有强烈的反射，背后有一段阴影；图（b）为加上斗篷之后的水平方向的声场，在该方向上斗篷起到了很好的隐身效果；图（c）为加斗篷后的垂直入射的声场，在该方向具有反射和阴影；图（d）为在声场中有一个与斗篷等宽的无厚度障碍物，可见此时的声场跟图（c）效果一致。因为在映射关系中，图（c）中的斗篷和物体映射到虚拟空间的一条线段，所以在一个方向上具有隐身效果，而在另一个方向上没有。

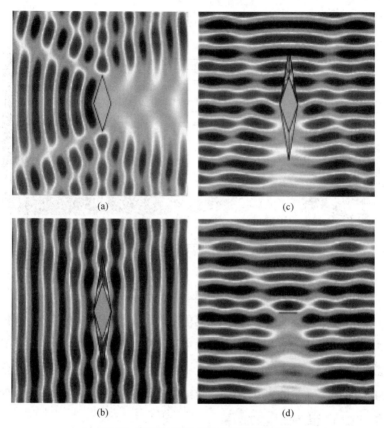

图3.18 由均质部分组成的一维声学隐身斗篷

如果将斗篷取一半,放置于地面,就是一个地面斗篷。每一部分的性质是均质且各向异性的,只要根据性质要求,设计层级结构,就可以实现。由变换声学得到的性质跟背景介质的性质有关,水和空气中具有相同性能的斗篷,它们的性质差别很大。美国杜克大学 Steven A Cummer 团队根据水和空气的不同性质,设计了在不同环境下的地面斗篷,如图 3.19 所示。水中的斗篷采用了泡沫铝、泡沫碳化硅、钢和水组成的复杂的层级结构,通过数值模拟验证了该斗篷具有较好的隐身效果。空气中的斗篷采用的是钻孔的层积的板材，并通过实验证明了这种斗篷具有良好的隐身效果。

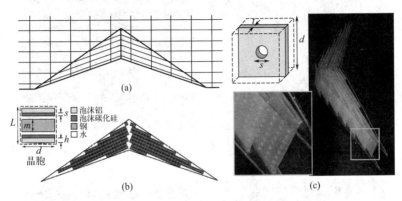

图3.19 在水中和空气中的地面斗篷

Steven A Cummer 团队在研究了二维地面斗篷之后，又将空气中的地面斗篷扩展到三维，设计了一款金字塔型的地面斗篷。它是由四个各向异性且均质的部分组成，通过钻孔的板材得到所需要的各向异性，然后组成三维的地面斗篷模型，如图 3.20 所示。通过对其进行实验，验证它具有较好的隐身效果。由于该斗篷将内部的区域完全包裹住，对于从任何方向入射的声波都能起到地面隐身的效果。

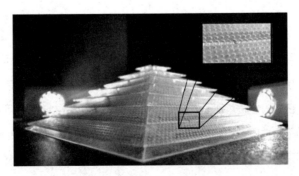

图3.20 三维地面斗篷

（2）二维声学隐身斗篷

最简单的二维声学隐身斗篷是圆环形斗篷，如图 3.5 所示。这类全方位工作的声学隐身斗篷的性质一般比较极端，很难实现。对于圆环形斗篷来说，越靠近斗篷内边界，性质越接近于零或无穷大。为了实现二维声学隐身斗篷，美国伊利诺伊大学厄巴纳‑香槟分校通过类似电路的方法，将通道和空腔分别类比于电阻和电容，根据声学隐身斗篷所需的理论性质，设计每层的通道和空腔参数，最终设计出了如图 3.21 所示的二维声学隐身斗篷，实验证明其在 52 ～ 64kHz 的频率范围内具有较好的隐身效果。

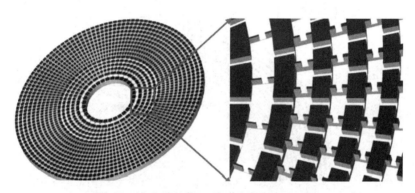

图3.21　类似电路方法实现的二维圆环形声学隐身斗篷

另一类声学隐身斗篷是五模超材料声学隐身斗篷。Andrew N Norris 通过理论分析，证明除了惯性斗篷（具有各向异性的密度和单一的体积模量）外，五模超材料也可以用来制造声学隐身斗篷。它们虽然是固体结构，但在一定的频率范围内只能传导压力波，不传导剪切波，具有类似流体的特性，五模超材料的详细介绍请阅读第 3.4 节。与层状结构的等效性质不同，五模超材料单元可以具有各向异性的刚度和单一的密度。基于五模超材料的三维声学隐身斗篷在理论上是可行的，但由于设计十分复杂，目前还没有相关报道。

　　针对二维圆环形声学隐身斗篷，北京理工大学设计了基于五模超材料的数值模型。二维圆环形声学隐身斗篷的性质是半径的函数，随着位置的不同，所需的性质不同。理论上，隐身斗篷的性质是半径的连续函数，为了能够实现，采用离散化的方法，取不同位置处的一系列值来近似。由于五模超材料单元的性质可以通过参数来调节，根据不同位置的性质调节单元参数，并将单元模型进行修改，通过圆环形阵列从而设计出整个声学隐身斗篷模型，如图 3.22 所示。单元的结构尺寸较小，在波长比单元尺寸大很多的情况下，可以用单元的等效性质来研究波的传播。

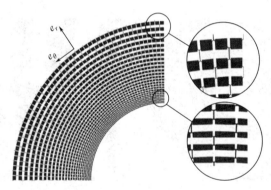

图3.22　五模超材料实现的二维圆环形声学隐身斗篷

　　他们在有限元软件中对基于五模超材料的声学隐身斗篷进行了数值模拟，来验证所设计的声学隐身斗篷具有隐身效果。如图 3.23 所示，在没有加隐身斗篷的情况下，圆柱形的障碍物对声波有反射，背后有阴影；当在圆柱周围加上隐身斗篷之后，反射和阴影都明显减少，具备在声场中隐身的效果。

　　通过变换声学可以得到任意形状的斗篷，如图 3.3 所示。不规则形状的二维斗篷的性质更复杂，它的密度是各向异性且非均质的，它的体积模量是非均质的，在极坐标下密度和体积模量同时是 r 和 θ 的函数，而且密

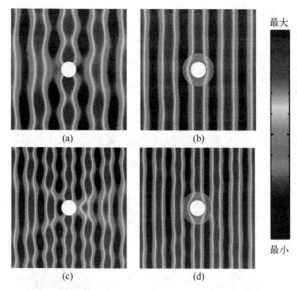

最大

最小

(a)   (b)

(c)   (d)

图3.23 有无基于五模超材料的声学隐身斗篷的数值模拟

度张量是非对角阵。相对于圆环形斗篷，这样的性质导致不能直接采用层级结构来实现。不过采用一系列操作可以通过层状结构来实现，以正方形斗篷为例，如图3.24所示，通过变换声学得到的斗篷性质同时是r和θ的函数；通过离散化，将整个区域分为一系列小区域，由于θ变化较小，以区域中心处的θ值作为整个区域的θ的近似值，这样就消除了θ的影响，将每个区域的性质变为只是r的函数；这时密度张量仍为非对角阵，不过所得的密度张量都可以对角化，得到新的方向（可以称为主方向）上两个密度值，这样沿着主方向就可以用层状结构实现；如果将所有的小区域都用同样的方法，就可以用层状结构实现整个模型。需要注意的是，整体上密度和体积模量都是r和θ的函数，不同的区域，由于θ值的不同而导致性质不同；同一区域内由于r的值不同而导致性质不同，而且主方向也随着位置不同而会有变化。

　　由于在设计过程中采用了多重近似，层状结构实现的正方形斗篷需要在声场中进行数值模拟，如图3.25所示。一个正方形的障碍物在声场中，会导致声波的反射，在障碍物后方会出现一个阴影。如果将障碍物用图3.24所设计的斗篷所包裹，则在声场中可以很好地实现隐身。通过跟无斗篷时的效果相比，该斗篷明显减少了声波的反射、散射和阴影，跟声波在单纯的背景介质中传播一样。数值计算结果表明，即使采用了多重近似，只要结构尺寸足够小，也可以得到采用理论值的斗篷的效果。

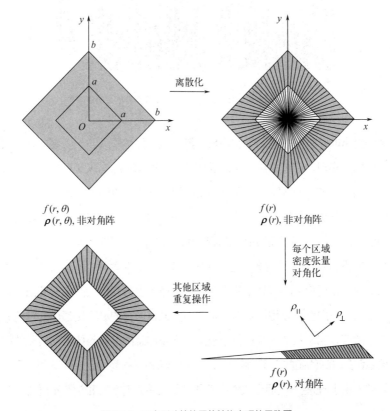

图3.24　正方形斗篷的层状结构实现的思路图

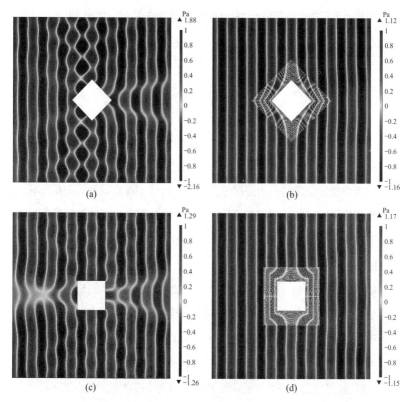

图3.25 障碍物与加上层状结构实现的正方形斗篷在两个方向上的数值模拟

对于边界为曲线的情况，可以用直线段来近似每个区域的曲线边界，这样就可以应用这种方法来设计。通过对椭圆形斗篷的数值模拟，证明这种方法是可行的。理论上，任意形状的二维声学隐身斗篷都可以通过层状结构来实现，不过由于所需要的材料性质特殊，种类繁多，制造不易。

如果二维斗篷由一个个均质的区域构成，那么在每个均质区域只需要两种材料交替排列即可得到所需的各向异性，大大降低了难度。对于二维空间，它可以划分成一系列的三角形区域，而对应的虚拟空间也可以划分成相应的三角形区域，从虚拟空间的一个三角形区域的一点 (X, Y) 到物

理空间的一个三角形区域的一点（x，y）的映射关系可以假设为

$$\begin{bmatrix} x \\ y \end{bmatrix} = \begin{bmatrix} b_1 & b_2 \\ b_4 & b_5 \end{bmatrix} \begin{bmatrix} X \\ Y \end{bmatrix} + \begin{bmatrix} b_3 \\ b_6 \end{bmatrix} \tag{3.13}$$

其中的系数b_i都是常数。这样得到坐标变换的雅可比矩阵为

$$J = \begin{bmatrix} b_1 & b_2 \\ b_4 & b_5 \end{bmatrix} \tag{3.14}$$

雅可比矩阵是一个常数矩阵，根据式（3.6）得到该三角形区域的密度和体积模量都是恒定的，与空间位置无关，因此，这样得到的三角形区域的性质是均质的。接下来不禁要问，式（3.13）表示的映射关系是不是对整个三角形区域都适用？如果适用，怎么求这个雅可比矩阵？

首先，三角形区域有三个顶点，三角形区域的任意一点都可以表示成三个顶点的线性组合，如果三个顶点符合式（3.13）所示的映射关系，那么区域内的任意一点也符合该映射关系。其次，通过三角形的三个顶点，我们自然也能求出该映射关系的雅可比矩阵。现在的关键是，三角形的三个顶点要满足式（3.13）所示的映射关系。如图3.26所示，虚拟空间的三角形 ABC 映射到物理空间的三角形 DEF，将两个三角形的顶点的坐标代入式（3.13），可得

$$\begin{bmatrix} x_D \\ y_D \end{bmatrix} = J \begin{bmatrix} X_A \\ Y_A \end{bmatrix} + \begin{bmatrix} b_3 \\ b_6 \end{bmatrix} \tag{3.15}$$

$$\begin{bmatrix} x_E \\ y_E \end{bmatrix} = J \begin{bmatrix} X_B \\ Y_B \end{bmatrix} + \begin{bmatrix} b_3 \\ b_6 \end{bmatrix} \tag{3.16}$$

$$\begin{bmatrix} x_F \\ y_F \end{bmatrix} = J \begin{bmatrix} X_C \\ Y_C \end{bmatrix} + \begin{bmatrix} b_3 \\ b_6 \end{bmatrix} \tag{3.17}$$

由式（3.15）减去式（3.16），式（3.15）减去式（3.17），并将其合并，可得

$$A = JB \qquad (3.18)$$

式中，
$$A = \begin{bmatrix} x_D - x_E & x_D - x_F \\ y_D - y_E & y_D - y_F \end{bmatrix}$$

$$B = \begin{bmatrix} X_A - X_B & X_A - X_C \\ Y_A - Y_B & Y_A - Y_C \end{bmatrix}$$

由于A、B、C三点是三角形的三个顶点，三个点不共线，矩阵B必然存在逆矩阵，根据式（3.18）可以求得雅可比矩阵为

$$J = AB^{-1} \qquad (3.19)$$

因为矩阵A和矩阵B都是常数矩阵，因此雅可比矩阵J也是常数矩阵。由此可以证明，三角形的顶点满足式（3.13），并且可以根据三角形的顶点得出雅可比矩阵。

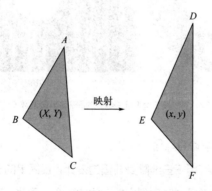

图3.26　两个三角形区域的映射

理论上，任意形状的二维斗篷都可以近似地分成一系列三角形区域，然后将虚拟空间进行划分，保证外边界的划分方式跟物理空间一致，内部的三角形划分较为自由，因此，可以通过调节虚拟空间的三角形划分改变斗篷所需的材料的性质。以圆环形斗篷为例，除了之前的同心层级结构设

计之外，也可以采用上述的方法，将圆环形区域近似划分成一系列的三角形区域，每个三角形对应着虚拟空间的一个三角形区域，由此，每个三角形区域的性质是均质的，只要两种材料交替排列即可实现。一种层级结构三角形区域构成的圆环形斗篷如图3.27（a）所示，由于对称性，它只需要六种材料即可，它的虚拟空间是类似划分，内边界为一个较小的圆。通过有限元软件对放有该斗篷的区域进行声场分析，得到的结果如图3.27（b）所示，可以看到斗篷具有较好的隐身效果。由于划分方式的不同，斗篷内部的声场跟图3.11中斗篷内部的声场不同。

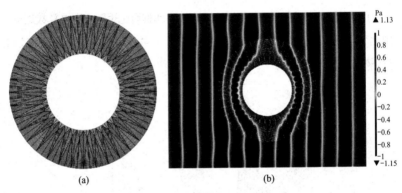

(a)　　　　　　　　　　　(b)

图3.27　由均质三角形区域组成的圆环形斗篷及数值计算结果

（3）三维声学隐身斗篷

变换声学也可用于三维隐身斗篷的设计，最简单的三维斗篷是空心球形模型，它的内部区域映射到虚拟空间的球心，因此，在理论上它具有完美的隐身效果，通过有限元软件计算得到的效果如图3.28左图所示。同时，它的性质也很苛刻，在内边界达到奇异值。一般为了克服奇异值，可以将内部区域映射到虚拟空间的一个小球，这样就可以降低斗篷性质的实现难度，不过同时在隐身效果上会打折扣。球形斗篷的性质虽然是各向异性的，但是切线方向性质都相同，径向方向性质不同，可以通过同心的球形层面实现。其他形状的三维斗篷也可以通过变换声学实现，如图3.28右图所示为一个立方体斗篷，通过沿径向的坐标变换而得到理论性质，其密度和体积模量都是非均质的，密度张量为非对角阵。与二维模型相比，密度和体积模量都是三个坐标的函数，对角化后的密度也是三个方向上的各向异性，实现起来更加困难。

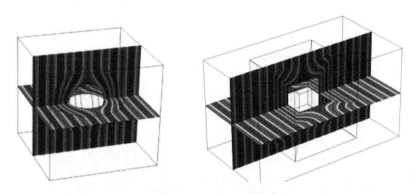

图3.28 三维球形斗篷和立方体斗篷的声场仿真

如果改变虚拟空间到物理空间的映射关系，就可以改变斗篷所需的性质。对于多面体三维斗篷来说，它可以划分成一系列的四面体，即使是曲面边界的三维斗篷，也可以由一个多面体来近似，进而可以划分成一系列的四面体。相应的虚拟空间，也可以对应地划分成一系列四面体，而且外边界及划分一致。

如果考虑从四面体到另一个四面体的映射，如图3.29所示，虚拟空间中四面体 $ABCD$ 中的点（X，Y，Z）映射到物理空间 $EFGH$ 中的点（x，y，z），假设两者是线性关系，则有

$$\begin{bmatrix} x \\ y \\ z \end{bmatrix} = \begin{bmatrix} d_1 & d_2 & d_3 \\ d_5 & d_6 & d_7 \\ d_9 & d_{10} & d_{11} \end{bmatrix} \begin{bmatrix} X \\ Y \\ Z \end{bmatrix} + \begin{bmatrix} d_4 \\ d_8 \\ d_{12} \end{bmatrix} \quad (3.20)$$

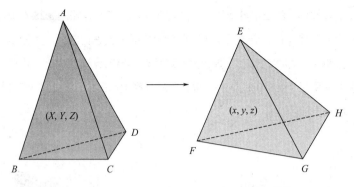

图3.29 从四面体到另一个四面体的映射

其中的待定系数都是常数。雅可比矩阵为

$$\boldsymbol{J} = \begin{bmatrix} d_1 & d_2 & d_3 \\ d_5 & d_6 & d_7 \\ d_9 & d_{10} & d_{11} \end{bmatrix} \qquad (3.21)$$

将四组对应的顶点坐标（$A \leftrightarrow E$，$B \leftrightarrow F$，$C \leftrightarrow G$，$D \leftrightarrow H$）代入方程，可得到四个方程组。通过两组相减即可消除式（3.20）中的常数项，并将其表示成矩阵形式，得

$$\boldsymbol{A} = \boldsymbol{J}\boldsymbol{B} \qquad (3.22)$$

式中

$$\boldsymbol{A} = \begin{bmatrix} x_E - x_F & x_E - x_G & x_E - x_H \\ y_E - y_F & y_E - y_G & y_E - y_H \\ z_E - z_F & z_E - z_G & z_E - z_H \end{bmatrix}$$

$$\boldsymbol{B} = \begin{bmatrix} X_A - X_B & X_A - X_C & X_A - X_D \\ Y_A - Y_B & Y_A - Y_C & Y_A - Y_D \\ Z_A - Z_B & Z_A - Z_C & Z_A - Z_D \end{bmatrix}$$

矩阵$\boldsymbol{A}$和矩阵$\boldsymbol{B}$中的元素都是三角形的顶点坐标，不含空间的位置变量，因此，矩阵$\boldsymbol{A}$和矩阵$\boldsymbol{B}$都是常数矩阵。由于A、B、C、D四点是四面体的顶

点，四个点不共面，因此，矩阵B必然存在逆矩阵，根据式（3.22），即可通过矩阵操作得到雅可比矩阵为

$$J = AB^{-1} \qquad (3.23)$$

由于矩阵A和矩阵B都是常数矩阵，得到的雅可比矩阵也是常数矩阵，不含任何变量。由此，得到的性质是恒定的，也就是说，在四面体区域内的性质是均质的，密度和体积模量不随位置的不同而不同。

理论上，任何三维斗篷都可以近似地划分成一系列的四面体，然后虚拟空间也相应地划分成四面体部分，通过上述方法即可得到每个四面体的性质。接下来通过一个多面体斗篷来验证这种设计方法。如图 3.30 左图所示，在声场中有一个多面体障碍物会影响周围的声场，在障碍物前方会出现反射，在侧面会有散射，在障碍物后方会有阴影。如果通过一个多面体斗篷将其包裹住，将斗篷划分为一系列的四面体，通过前文所述方法得到每个四面体的性质，每个四面体的性质都是均质但各向异性的，通过在有限元软件中设置每个四面体的性质并进行数值计算，得到声场如图 3.30 右图所示，从图可见斗篷完全消除了障碍物对声场的影响，达到了声学上的隐身效果，也证明了这种方法的可行性。

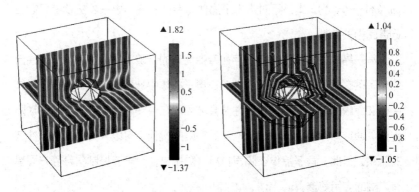

图3.30 多面体障碍物在有无斗篷下的声场的数值模拟

本节简单介绍了一下变换声学的基本原理及声学隐身斗篷的几种类型。地面斗篷的性质最简单，制作也容易，已经有许多相关的实验研究；二维斗篷也有实物模型和实验的报道，但主要针对圆环形斗篷；三维全方位工作的斗篷的模型较为复杂，目前还未见到有相关实物模型或实验的报道，关于三维模型的研究主要集中于理论研究或单一方向工作的三维模型，而三维模型恰恰是最有应用前景的模型，还有很大的研究空间。由于声学隐身斗篷的性能非常吸引人，一直是人们试图实现的器件。随着研究的深入和科技的发展，相信在不远的将来，可以在生活中见到声学隐身斗篷的身影。

3.2 声子晶体

在 2.3 节介绍了光子晶体的相关知识，在声学领域，具有类似性质的材料称为声子晶体 (phononic crystal)。声子晶体就是具有弹性波带隙的周期性结构功能材料。后来，又有人研究同时具有电磁波带隙和弹性波带隙的周期性结构功能材料，它被称为声光子晶体（optomechanical crystal 或者 phoxonic crystal）。本书不对声光子晶体做专门介绍，感兴趣的读者可以自行查阅相关文献。

声子晶体的典型特征就是存在着弹性波的带隙，又称禁带。当弹性波的频率落在禁带范围内时，弹性波在声子晶体中被禁止传播。当声子晶体中存在点缺陷或线缺陷时，弹性波会被局限在点缺陷处，或只能沿线缺陷传播。通过对声子晶体周期结构及其缺陷的设计，可以人为地调控弹性波的流动。因此，声子晶体在隔声材料、隔振材料、声波控制材料等方面具有广阔的应用前景。

3.2.1 声子晶体的带隙

在 2.3 节介绍光子晶体时我们知道，光子晶体具有带隙，而声子晶体也有带隙。光子晶体的带隙是针对电磁波而言，声子晶体的带隙是针对弹性波而言，虽然都是带隙，但有一些区别。对声子晶体而言，它的带隙，是任何弹性波不能传播的频率范围。在计算带隙时，会用到物理学的一些概念，这里简单做一下说明。

构成晶体的最基本的几何单元称为晶胞，是能完整反映晶体内部原子或离子在三维空间分布的化学 - 结构特征的平行六面体的最小单元，保留了整个晶格的所有特征。晶胞的边长称为晶格常数，它是晶体结构的一个重要基本参数。确定原胞（晶胞）大小的矢量称为基矢，它的大小与晶格常数相同。

晶体学中根据晶胞外形（棱边长度之间的关系，晶轴之间的夹角情况）将晶体分为七个晶系，又为了反映对称性分为 14 种点阵或称为布拉维格子（Bravais lattice）。晶体的分类如表 3.1 所示，其中 a、b、c 为晶格常数，α、β、γ 为夹角。

表3.1 晶体的分类与特征

晶系	布拉维格子	对称特征	基矢的特征
三斜	简单三斜	没有对称轴或只有一个反演中心	$a \neq b \neq c$ $\alpha \neq \beta \neq \gamma$
单斜	简单单斜 底心单斜	一个2度轴或一个对称面	$a \neq b \neq c$ $\alpha = \gamma = 90° \ \beta \neq 90°$
正交	简单正交 底心正交 体心正交 面心正交	三个互相垂直的2度轴	$a \neq b \neq c$ $\alpha = \beta = \gamma = 90°$
三方	三方/三角	一个3度轴	$a = b = c$ $\alpha = \beta = \gamma \neq 90°$

晶系	布拉维格子	对称特征	基矢的特征
四方	简单四方 体心四方	一个4度轴	$a=b\neq c$ $\alpha=\beta=\gamma=90^\circ$
六方	六方/六角	一个6度轴	$a=b\neq c$ $\alpha=\beta=90^\circ$ $\gamma=120^\circ$
立方	简单立方 体心立方 面心立方	四个3度轴	$a=b=c$ $\alpha=\beta=\gamma=90^\circ$

声子晶体也是由一系列的单元周期性排列而成。如果声子晶体是由基矢 $\{a_1, a_2, a_3\}$ 所确定的空间点阵上的单元构成的，空间点阵的格矢为 $R = m_1a_1 + m_2a_2 + m_3a_3$，其中 m_1、m_2、m_3 为整数。计算单元的能带结构需要用到它的倒易空间（reciprocal space），倒易空间的基矢可以通过公式

$$b_i = 2\pi \frac{a_j \times a_k}{a_i \cdot (a_j \times a_k)} \qquad i,j,k=1,2,3 \qquad (3.24)$$

计算。在倒易空间中，通过选定的格点和基矢，可以得到整个空间的格点。选定一个格点，将该格点与周围的格点相连，过这些线段的中点的垂直平面所围成的最小区域，被称为第一布里渊区（first Brillouin zone）。以二维模型为例，图3.31（a）所示为一个二维晶体示意图，a_1、a_2 为基矢，二维空间所有单元的位置都可以通过 $m_1a_1 + m_2a_2$ 确定。选 a_3 为垂直于平面的矢量，根据式（3.24）即可计算出倒易空间的基矢 b_1、b_2，进而得到倒易空间的格点。通过连接线段的中点做垂线，得到第一布里渊区为图3.31（b）中所围区域。

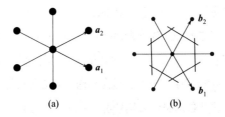

图3.31 一个二维晶体和它的第一布里渊区

对于一个边长为 l 的正方形单元，其第一布里渊区为边长为 $2\pi/l$ 的正方形，如图 3.32 所示。根据正方形的对称性，在最简布里渊区（irreducible Brillouin zone）分析得到的性质就可以代表整个布里渊区。图中，$\varGamma$-X-M-$\varGamma$ 所围成的三角形区域即为最简布里渊区。计算单元的能带结构曲线，一般沿其最简布里渊区的边界进行扫描。

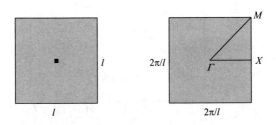

图3.32 正方形单元及其布里渊区

以水和铝为例介绍能带结构图。取 l=1cm 的正方形单元，分别填充液态水和固态铝，沿最简布里渊区边界计算其能带结构曲线，得到的结果如图 3.33 所示。水不支持剪切波的传播，在水的能带结构图中只有压力波的模态；在铝中，压力波和剪切波都可以传播，两种模态都存在。在两个能带结构图中，能带覆盖了所有的频率，因此，任意频率的波都可以传播。可以根据从 $\varGamma$ 点出发的某条线的斜率计算出该方向上该模态的声速。

在单一的均匀介质的能带结构中，一般不会有带隙的存在。当在一种基体材料中周期性地分布另一种性质相差较大的材料时，能带结构就发生变化，就可能出现带隙。1992 年，M. M. Sigalas 和 E. N. Economou 第一次在理论上证实了，将球形散射体埋入基体材料中形成的三维周期性点阵结构具有弹性波禁带特性。1993 年，M. S. Kushwaha 等人第一次明确提出了声子晶体的概念，并对周期性排列的复合结构，沿最简布里渊区边界计算出了弹性波带隙。这些是理论计算和分析，并没有通过实验证明。而在 1995 年，由 R. Martinez-Sala 等人在对西班牙马德里的一座雕塑进行声学特性研究时，第一次从实验角度证实了弹性波禁带的存在。从此，声子晶体逐渐被人们认可，研究也越来越广泛。

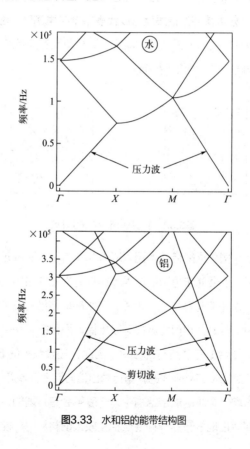

图3.33 水和铝的能带结构图

以二维的复合单元为例，在基体材料（$E=2\text{GPa}$，$\rho=1000\text{kg/m}^3$，$\nu=0.45$）中周期性分布着圆柱形的另一种材料（$E=200\text{GPa}$，$\rho=8000\text{kg/m}^3$，$\nu=0.34$），排列方式为正方形单元，边长为 1cm，圆柱直径为 0.8cm，它的布里渊区为正方形，沿最简布里渊区边界进行能带结构计算，得到的能带结构曲线如图 3.34 所示。从 Γ 点引出两条曲线，一条为剪切波模态，一条为压力波模态，当频率增加到一定范围时，可以发现一个带隙，如图中阴影部分所示，在该频率范围内，没有任何模态，即该频率范围内的任意弹性波都不能在该材料中进行传播。当频率再大时，又出现了各种模态，即在材料中又可以有弹性波的传播。

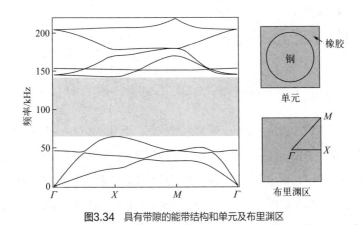

图3.34 具有带隙的能带结构和单元及布里渊区

3.2.2 典型的声子晶体

声子晶体的特征是具有带隙，在该频率范围内的任何弹性波都不能传播。声子晶体的种类繁多，所具有的能带结构也差异很大，最初研究的声子晶体模型是在基体中周期性地分布密度和刚度更大的材料形成散射体，导致弹性波带隙的存在。1995 年，R. Martinez-Sala 等人在《自然》杂志发表文章称，他们发现马德里的一座雕塑的结构符合声子晶体的排列，如图 3.35 左图所示。它由一系列高低不等的铁管组成，虽然在高度上有差异，但在水平面内，它们是在空气中周期性排列的圆柱。通过对其进行声学实验，测得了弹性波带隙的存在，如图 3.35 右图所示，有几个声音衰减特别强的频率范围，也被认为是第一次从实验角度验证了声子晶体。

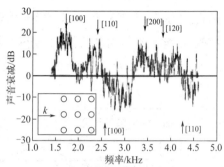

图3.35　具有带隙特征的马德里公园雕塑及声学实验结果

由于铁管表面是光滑的，吸声系数很低，而且雕塑对声音的衰减并不是对所有频率都起作用，这就说明了雕塑对声音的作用是由其特定的结构决定的，也就是形成了声子晶体。在该模型中，由于铁管跟空气的阻抗差别很大，形成了散射体，声波在经过这种周期性排列的散射体时会发生多重散射，当不同的散射叠加时，就会在一定频率范围内形成声波无法传播的禁带，它跟 X 射线和晶体间形成的布拉格散射类似，因此，这种声子晶体也被称为布拉格散射型声子晶体。这种声子晶体对应的波长和结构的晶格常数相当，因此带隙的频率都较高，在低频段需要较大的尺寸，给其应用带来了不便。

如果能在一定的晶格常数下降低带隙的频率，便是在特定的频率要求下，减小了结构尺寸，对于器件的小型化具有重要意义，将具有更好的应用前景。2000 年，香港科技大学沈平团队在《科学》杂志上发文，介绍了一种局域共振型的声子晶体，它的单元为置于环氧树脂基体中的硅橡胶包裹的铅球，如图 3.36（a）所示，铅球半径为 5mm，硅橡胶厚 2.5mm，晶格常数为 1.55cm。通过单元的排列，可组成 8×8×8 的立体材料，如图 3.36（b）所示。通过计算 [图 3.36（c）中实线所示] 和测量 [图 3.36（c）中黑点所示] 透射系数，可以看到有两个透射系数特别低的区域，之后会出现峰值。为了解释这种现象，对单元进行能带分析，结果如图 3.36（d）所示。

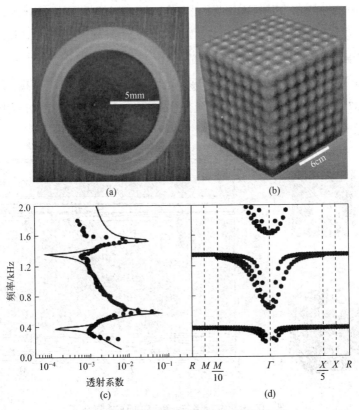

图3.36 局域共振型的声子晶体及其特征图

从图中可以看到有两个带隙，其中较低带隙的中心频率为500Hz，这时，晶格常数远远小于环氧树脂中的纵波的波长。与散射型的声子晶体所不同的是，它是由铅球和橡胶形成了质量弹簧系统，在其固有频率下，内部形成共振，从而将振动衰减。这种局域共振型声子晶体的工作频率由单元的共振频率决定，由于铅球的质量较大，可以得到远大于结构尺寸的声波波长的带隙。

　　带隙的宽度越大，意味着它可以阻碍更多频率的波的传播，是声子晶体所追求的目标之一。意大利学者设计了一款由单一材料组成的具有超宽的完全带隙的声子晶体。二维声子晶体的基本模型，是由外方框和以方框边中点为圆心的半圆形组成，如图3.37（a）所示，通过改变边框厚度和半圆形结构的半径对声子晶体的带隙进行优化，优化的结构为$t=0.05a$，$s=0.33a$。通过将二维结构进行扩展，就可以变成三维的立方体结构，如图3.37（b）所示，其中六个面都具有图3.37（a）所示的二维结构，而原来

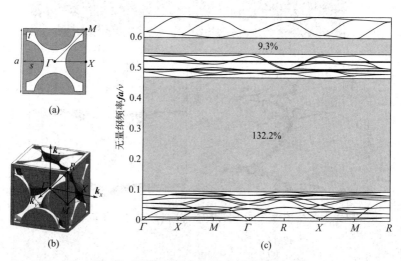

图3.37　优化的二维和三维单元及单元的能带结构图

的半圆形也就变成了三维的半球体。通过有限元软件对三维模型的能带结构进行计算，得到的结果如图3.37（c）所示，其中纵坐标为无量纲频率，f 为频率，a 为晶格常数，v 为介质中声速。图中的两个深色区域为带隙，标的数字为定义的无量纲带隙宽度，它的定义为

$$BG\% = \frac{2\left(f_{\text{top}} - f_{\text{bot}}\right)}{f_{\text{top}} + f_{\text{bot}}} \times 100\% \qquad (3.25)$$

对第一个声子带隙来说，该值达到了132.2%，具有超宽的带隙。他们也加工出了模型，通过实验验证了声子晶体的透射效果，对于三层单元构成的晶体模型，振动的衰减可达75dB，具有良好的减振效果。

在基体材料中周期性地分布孔隙结构也可以形成声子晶体。北京交通大学在简单的孔隙单元［图3.38（a）］的基础上，设计了一种多孔单元结构，它由5个同尺寸的孔组成，其中一个孔位于中心，其余四个孔在其周围布置，如图3.38（b）所示。基体材料选择为铝（E=68.3GPa，G=28.3GPa，ρ=2730kg/m^3），针对不同的孔隙度（孔隙面积与单元面积的比值）的单元计算它们的能带结构。孔隙度较低时，带隙较窄；当孔隙度增大时，带隙变宽。孔隙度为0.4和0.43的单元的能带结构如图3.38（c）和（d）所示，单元具有较宽的带隙。通过调整单元的结构，可以调整带隙，不过孔隙度不能太大，否则会形成开孔结构。

分形结构是自然界常见的现象，如蕨类植物的叶子、花椰菜的花等，它是指一个几何形状可以分成几个部分，且每一部分都具有或近似具有整体缩小后的性质，即具有自相似性。谢尔平斯基三角形（Sierpinski triangle）是一种分形结构，是由波兰数学家谢尔平斯基在1915年提出的。北京交通大学设计了一款基于谢尔平斯基三角形结构的声子晶体，其中一种是基于等边三角形的结构。如图3.39所示，n=0时，固体结构和孔隙均为相同的

等边三角形，它们的尺寸相同并且交替排列。随着阶数的增加，每个固体三角形结构又分成四个等边三角形并且中心的三角形区域变为孔隙。因此，随着分形阶数的增加，结构也就变得更复杂，图 3.39 展示了前四阶的模型结构。

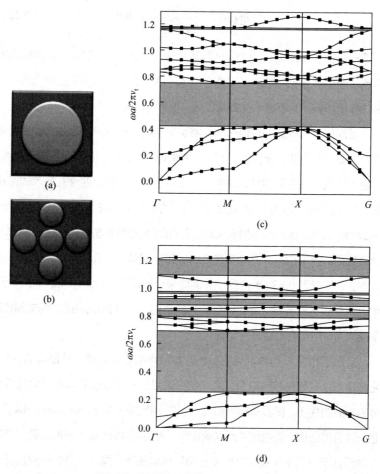

图3.38　孔隙声子晶体单元及其能带结构图

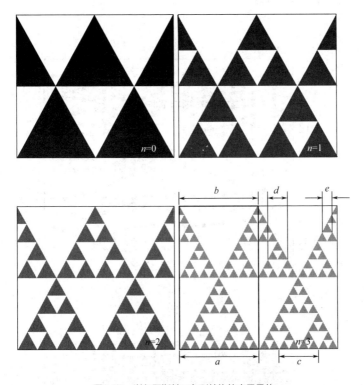

图3.39　谢尔平斯基三角形结构的声子晶体

　　因为结构的连接处为点接触，这种理想的谢尔平斯基三角形结构的声子晶体并不稳定。而研究者也没有基于这种理想结构来计算，他们根据 $n=1$ 时的分形结构中的孔隙等比例变化来研究不同孔隙度下单元的带隙。当孔隙度 f 为 0.2、0.4、0.5 和 0.6 时，能带结构如图 3.40 所示，其中纵坐标为无量纲频率，ω 为角频率，a 为晶格常数，v_t 为铝中弹性横波的波速 3110m/s。由图可以明显地发现，随着孔隙度的增加，带隙的数量增加。在图示的范围内，每个单元有一个最宽的带隙，而随着孔隙度的增加，最宽带隙的宽度也随之增大。

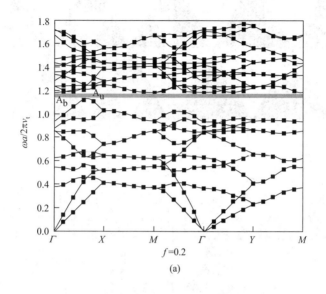

(a)

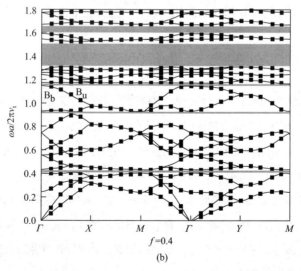

(b)

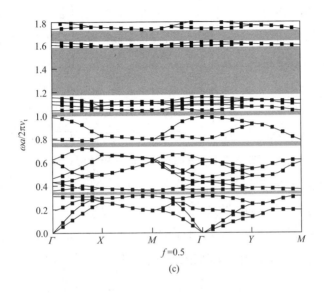

$f = 0.5$

(c)

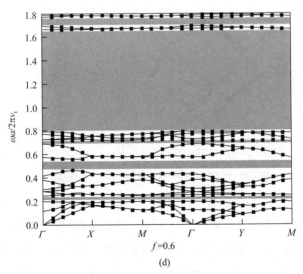

$f = 0.6$

(d)

图3.40　不同孔隙度的一阶谢尔平斯基三角形结构的声子晶体的能带结构

　　五模超材料是具有固体结构但具有类似流体特征的超材料，它的六个弹性张量的特征值中有五个为零。五模超材料的详细介绍见 3.4 节。

　　最初提出的三维五模超材料模型是由双锥臂组成的面心立方单元，它在一定的频率范围内只支持压力波的传播，不支持剪切波。为了得到更好的性能或获得更多的可调节性，有多种改进模型出现。改变单元内连接点的位置、改变臂结构的对称性、改变臂横截面形状、改变臂的统一性以及将臂变为复合结构等，都可以改变单元的五模特性，而且，在这些单元的能带结构中出现了完全带隙，它们一般都比五模频带的频率高。其中，具有复合结构的臂所组成的面心立方单元的模型如图 3.41 所示，它的臂由两种材料构成，两端为硅橡胶（E=117.5kPa，ρ=1300kg/m^3，ν=0.46875），腹部为铅（E=40.826GPa，ρ=11600kg/m^3，ν=0.37）。臂的结构尺寸如图中所示，通过调节各个参数，可以获得不同的结构。

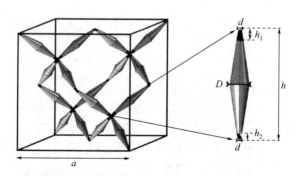

图3.41　具有复合结构的臂所组成的面心立方单元的模型

　　对该复合结构的五模超材料单元的能带结构进行研究时发现，某些尺寸的单元的五模频带的上方，会出现完全带隙。如图 3.42 所示，图中灰色区域标示的是五模频带，黑色区域标示的是带隙，图中右上方的参数代表了单元的结构，其中

$$r = \frac{h_1}{h}, \quad s = \frac{h_2}{h} \qquad (3.26)$$

参数不同，则带隙特性的差别很大。除了复合结构的臂之外，其他的参数也可能导致带隙的出现，通过调节参数，就可以调节单元的带隙特征。

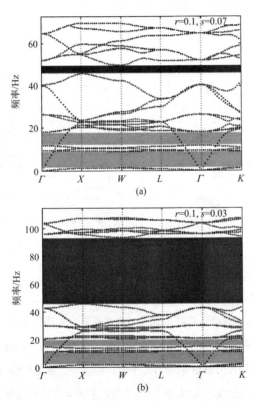

(a)

(b)

图3.42 复合结构臂的五模超材料单元的能带结构图

为了与后续的单元结构做对比，这里选择一种矩形单元结构。如图3.43（a）所示，单元由复合结构的臂组成，它可以在水平和竖直方向上周期性地排列形成蜂窝状的结构。它的布里渊区如图3.43（b）所示，通过沿最简布里渊区的边界进行能带结构的计算。当材料1为铝（E=76GPa，

ρ=2700kg/m³，ν=0.33），材料2为钢（E=200GPa，ρ=7870kg/m³，ν=0.29），D=0.2L，d=0.025L时，单元的能带结构如图3.43（c）所示，图中灰色部分为五模频带，而黑色区域为带隙。可见，复合结构的二维五模超材料也具有带隙。实际上，不管是单一材料还是复合结构，该单元结构都具有五模频带和带隙，带隙的频率更高，在五模频带的上方。

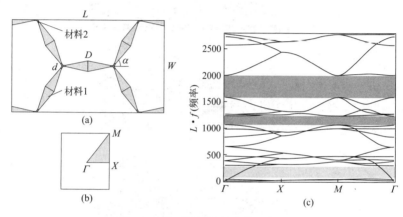

图3.43 二维五模超材料单元及其能带结构
（a）复合单元模型；（b）布里渊区；（c）能带结构

图3.43（a）的单元是基本单元，通过将其结构进行调节，可以改变单元的性质。五模超材料的频带、各向异性、等效声速、等效密度等都可以通过结构参数和尺寸参数来调节。不过，通过一定的结构变化可以彻底改变单元的性质。比如，如果单元内的两个连接点在竖直方向是同向移动，得到的单元仍然是五模单元；如果两个连接点在竖直方向上沿相反的方向移动，得到的模型如图3.44（a）所示，仍然沿最简布里渊区［图3.44（b）］的边界进行能带结构的计算，得到的能带结构如图3.44（c）所示，从图中可以看到，五模频带消失了，取而代之的是一个带隙。相比于基本模型的带隙在五模频带上方，该带隙的频率范围大为降低，因此可以通过同样的

单元尺寸得到低频的带隙。同时，该带隙的频率范围与图 3.43 单元的五模频带有共同区域，因此，将五模超材料单元的结构进行改变，可以将其从一定频率范围的五模超材料变为该频率范围的声子晶体。

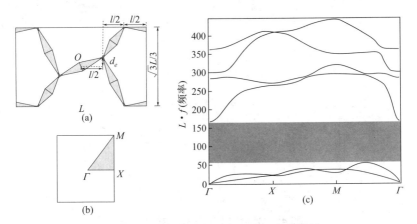

图3.44 具有低频带隙的五模超材料单元及其能带结构
（a）复合单元模型；（b）布里渊区；（c）能带结构

前面介绍过分形结构可以得到优异性能的声子晶体，而五模超材料可以得到带隙，如果将两者相结合，能不能改善声子晶体的带隙？Mousanezhad 等人针对普通的蜂窝结构进行了类似分形结构的层级演化，将每个结点用六边形代替，得到一阶层级结构；在一阶层级结构基础上，将每个结点再用六边形代替，便得到二阶层级结构。蜂窝结构和得到的层级结构及其单元如图 3.45 所示。

为了证明层级演化后的结构对带隙的影响，通过有限元软件对最初单元和一阶层级结构的单元进行能带计算。材料采用铝（E=71GPa，ρ=2700kg/m^3，ν=0.33），一阶层级结构中六边形的边长 l_1 定为 0.25l_0，结果如图 3.46 所示，相比于最初单元，一阶层级结构单元的能带图中，带隙的数量增加，最低带隙的频率比之前的频率降低而最宽带隙的带宽比之前的带宽要宽。一阶层级结构单元的带隙的特性比最初单元的带隙特性改善了很多。

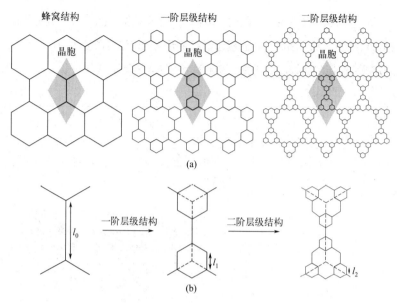

(a)

(b)

图3.45　蜂窝结构和得到的层级结构及其单元

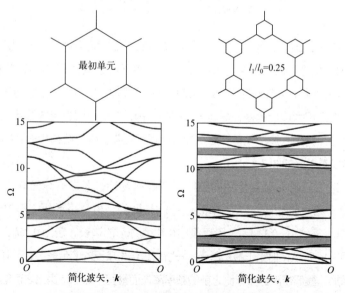

图3.46　最初单元和一阶层级结构单元的能带结构

声子晶体最主要的特征就是具有带隙，在带隙的频率范围内，任何类型的弹性波都不能传播，因此具有广阔的应用前景。声音和振动在生活和生产中无处不在，有时候需要利用声音或振动来工作，有时候需要消除声音或振动的影响。而这些都可以利用声子晶体来消除或控制声音或振动。我们可以举几个例子来说明。

（1）隔声材料

随着社会的发展和生产力的提高，人们的生活得到极大的便利，而随之而来的是一些烦恼，比如说噪声问题。由于车辆及电动工具的普及化，再加上人们居住环境的聚集化，人们已经难以摆脱噪声的困扰。车辆及装修的噪声严重影响人们的睡眠质量和身心健康，也会降低人们的工作效率，而传统的隔声或吸声材料的效果不够理想，如果声子晶体材料能够得到应用，将会极大改善人们的生活质量。因为在带隙范围内的声波完全无法在声子晶体中传播，将会得到更好的隔声效果，保证人们的生活和工作质量。

（2）隔振材料

振动现象在工程中也是无处不在，比如旋转类机械由于偏心质量的存在，在工作过程中会引起振动，不仅会形成噪声，对人们的身体健康造成危害，还会影响机械的精度，引起机器的磨损和疲劳，可能引起共振等。如果能够阻止机械振动的传播，比如在旋转类机械的底座上安装隔振材料，就可以消除机械振动的影响，保证机械的加工精度和安全。

（3）声波控制材料

在海洋中声波的波长较长，在水中的衰减较慢，其他的探测手段在探测海洋时都会受到一定的制约，而水声探测在海洋中具有很大的优势，是目前海洋探测中的主要手段。在水中探测时，如果需要对声波进行操纵，就需要一定的声波操纵器件。某些声子晶体对声波并无吸收效果，它的带隙的形成是靠反射，因此可以利用声子晶体制成无吸收反射镜，可以达到对声波的全反射效果。

声子晶体在减振降噪方面的优异性能，使得其引起了国内外很多学者的关注，本节简单介绍了声子晶体的特点和几种类型，限于篇幅和作者的能力，不能穷尽，如果读者对声子晶体感兴趣，可以查阅相关文献或报道。而鉴于声子晶体在减振降噪方面的优异性能，相信在不远的将来，声子晶体一定会有广泛的应用。

3.3 负泊松比超材料

泊松比（Poisson's ratio）是材料性质的一个重要参数，它是反映材料横向变形的弹性常数。自然界存在的材料的泊松比一般为正值，这意味着材料在单向受拉时，沿载荷方向会伸长，而垂直于载荷的方向会缩短；当材料单向受压时，沿载荷方向缩短，而垂直于载荷方向会伸长。其实，在自然界中也存在泊松比为零，甚至为负值的材料，只是不多见。而通过超材料，完全可以实现负的泊松比，即材料在单向受压时，垂直于载荷方向也缩短，材料在单向受拉时，垂直于载荷方向也伸长。

3.3.1 泊松比

泊松比作为材料力学中的一个重要参数，是以法国著名数学家泊松（Siméon Denis Poisson，1781—1840）的名字命名的。他在 1829 年发表的《弹性体平衡和运动研究报告》一文中，用分子间相互作用的理论导出弹性体的运动方程，发现在弹性介质中可以传播纵波和横波，并且从理论上推演出各向同性弹性材料在受到纵向拉伸时，横向收缩应变与纵向伸长应变之比是一常数，其值为四分之一。之后，基于改进的模型计算得到的比值为三分之一。两个数值虽然不同，但都跟大多数材料的测量值比较接近，自然界中各向同性的材料的泊松比一般在 0.25 到 0.35 之间，当然也存在差别较大的值。

物体由于外部因素而变形时，在物体内各部分之间产生相互作用的内力，单位面积上的内力称为**应力**，一般用希腊字母 σ 表示。如图 3.47 所示的一根圆柱体，原长为 L，在拉力 P 的作用下，圆柱体产生伸长变形，长度变为 $L+\delta$，圆柱体内产生相互作用的内力，如果从中任取一截面，假定应力是均匀分布的，那么该截面内沿轴向的应力的和与 P 相等，由此，可以得到应力值的计算公式

$$\sigma = \frac{P}{A} \tag{3.27}$$

式中，A 为横截面的面积。

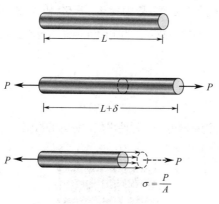

图3.47　轴向应力示意图

应力是矢量，具有方向性。同截面垂直的应力称为正应力或法向应力，同截面相切的应力称为剪应力或切应力。当圆柱体两端受拉时，轴向的应力为拉应力；当圆柱体受压时，轴向的应力为压应力。拉应力表示为正值的正应力，压应力表示为负值的正应力。

物体在外部因素的作用下会产生一定的变形，变形的程度称**应变**。材料在弹性变形阶段，其应力和应变成正比例关系（即符合胡克定律）

$$\sigma = E\varepsilon \tag{3.28}$$

　　单轴应力和单轴形变之间的比一般称为杨氏模量（Young's modulus），一般用 E 表示，因英国医生兼物理学家托马斯·杨（Thomas Young 1773—1829）而命名。剪切应力与应变的比值称为剪切模量（shear modulus），一般用 G 表示。此外，还有体积模量（bulk modulus），一般用 κ 或 B 表示，它是压强的增大与材料体积的减少之间的比值。弹性模量可视为衡量材料产生弹性变形难易程度的指标，其值越大，使材料发生一定弹性变形的应力也越大。比如，钢的杨氏模量大约为210GPa，铝的杨氏模量大约为73GPa，相同条件下铝比钢更容易产生变形。

　　当对一个棒材施加轴向的拉力载荷时，如图3.48所示，轴向会产生伸长变形，同时，横向上会产生收缩变形。在材料的弹性范围内，棒内任意一点的横向应变 ε' 与轴向应变 ε 的比值都相同，考虑到应变的符号，可以表示为

$$\nu = -\frac{\varepsilon'}{\varepsilon} \tag{3.29}$$

式中，希腊字母 ν 为材料的一个弹性常数，称为泊松比。

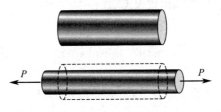

图3.48　轴向拉力下材料变形示意图

　　如果已知材料的泊松比，那么根据材料的轴向应变就可以计算出材料的横向应变，只要将式（3.29）变为

$$\varepsilon' = -\nu\varepsilon \tag{3.30}$$

需要注意的是，式（3.29）只适用于承受单向应力的棒。

理论上，各向同性材料的弹性常数 E、G、κ、ν 中，只有两个是独立的，因为它们之间存在如下关系

$$G = \frac{E}{2(1+\nu)} \qquad (3.31)$$

$$\kappa = \frac{E}{3(1-2\nu)}$$

因此，对各向同性材料，只要知道其中的两个弹性常数，就可确定材料的弹性性质，并能计算出其他的弹性常数。

材料的泊松比一般通过试验方法测定，一般都假定拉伸和压缩时的泊松比是相同的。常见材料的杨氏模量、剪切模量和泊松比如表3.2所示。从表中可以看到，常见的材料的泊松比在0到0.5之间，那么泊松比有没有一个范围呢？要使材料是稳定存在的，则体积模量、杨氏模量和剪切模量都要是正值，由式（3.31）可以发现，泊松比 ν 的值的范围是 $-1<\nu<0.5$，因此，泊松比是可以取到0和负值的。事实上，软木塞的泊松比近似为零，而负的泊松比也存在。

表3.2　常见材料的杨氏模量、剪切模量和泊松比

材料	杨氏模量E/GPa	剪切模量G/GPa	泊松比ν
水泥（压缩）	17~31		0.1~0.2
玻璃	48~83	19~35	0.17~0.27
钨	340~380	140~160	0.2
铸铁	83~170	32~69	0.2~0.3
钢	190~210	75~80	0.27~0.3
镍	210	80	0.31
钛合金	100~120	39~44	0.33
铝合金	70~79	26~30	0.33
青铜	96~120	36~44	0.34
黄铜	96~110	36~41	0.34
铜及其他铜合金	110~120	40~47	0.33~0.36
镁合金	41~45	15~17	0.35

续表

材料	杨氏模量E/GPa	剪切模量G/GPa	泊松比v
尼龙	2.1~3.4		0.4
聚乙烯	0.7~1.4		0.4
橡胶	0.0007~0.004	0.0002~0.001	0.45~0.5

3.3.2　负泊松比超材料结构与性能

对于普通材料来说，当受到拉力时，受力方向会发生伸长，垂直于受力的方向会发生收缩，这时的泊松比为正值。对于负泊松比材料来说，当受到拉力作用时，垂直于受力的方向也会发生膨胀。

对于负泊松比材料的研究，可以追溯到 20 世纪。美国爱荷华州立大学的 Roderic Lakes 于 1987 年在《科学》杂志发表文章，研究具有负泊松比的聚合物泡沫。如图 3.49（a）所示，传统的聚合物泡沫的泊松比在 0.1 ~ 0.4，该聚合物泡沫的泊松比为 –0.6，与传统的聚合物泡沫的区别在于它的内部单元之间的壁是内凹的，一个理想化的凹形单元如图 3.49（b）所示，它是由 24 面体进行凹陷形成的。这时的制作方法并不是超材料的制作方法，它是在传统的聚合物泡沫上再加工制成的。通过将传统的聚合物泡沫加热到刚刚超过其软化温度，然后在其冷却过程中沿三个方向同时进行压缩得到的。这样得到的负泊松比材料的内部并不均匀，而且性质不能准确控制。

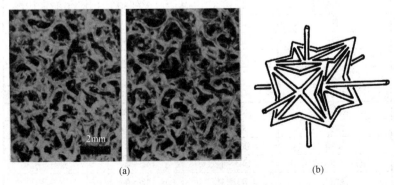

(a)　　　　　　　　　　(b)

图3.49　聚合物泡沫及一个理想化的凹形单元

　　超材料的兴起以及增材制造的发展，使得具有一致的单元结构的负泊松比超材料可以实现。由凹形的多面体单元组成的超材料可以通过增材制造技术来获得，Nikhil JRK Gerard 等人通过增材制造方式加工出了如图 3.50（a）所示的超材料，右上方为单元结构图，右下方为可调节的尺寸参数，通过参数调节，可以改变超材料的结构，进而影响其性能。通过调节 d/p 和 θ 的值，可以得到不同的泊松比，影响关系如图 3.50（b）所示，图中的虚线是泊松比为 0 的模型的参数，可见通过调节参数，可以实现正的泊松比、零泊松比和负的泊松比。

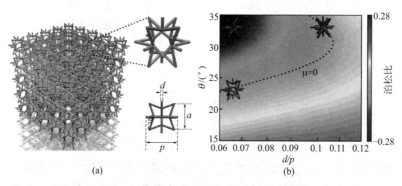

图3.50　可实现负泊松比的超材料及参数对泊松比的影响

　　二维结构也可以具有负的泊松比，而且实现原理可以有多种：基于凹形微结构、基于手性微结构和基于椭圆孔等。河南工业大学和澳大利亚国立大学设计了一种具有花生形孔隙的超材料。他们通过有限元软件，证明了材料具有负的泊松比，如图 3.51 所示，模型的一端固定，另一端施加一个纵向拉力载荷，横向的应变结果显示，模型中间发生了膨胀（可以称为"拉胀"），说明了模型具有负的泊松比。他们通过增材制造的方法，采用聚乳酸材料（E=3GPa，v=0.38）制成了由 4×8 个单元组成的模型，它的孔隙率为 61%，通过实验，证明了材料的横向应变随着纵向应变的增大而增大，实验测得材料的泊松比为 -1.1066。理论上，泊松比不能小于 -1，这里的结果可能是因为实验误差和曲线拟合引起的，不过，可以说明的是材料具有较大的负泊松比。

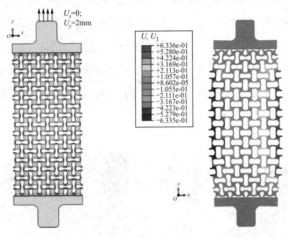

图3.51 具有花生形孔隙的超材料及数值计算结果

　　许多不同的方法都可以实现负的泊松比。哈佛大学和纽约州立大学布法罗分校设计出一种能够在大应变范围内仍然具有负泊松比的新型超材料，由于它们的三维拉胀行为是由弹性屈曲引起的，他们将这些新材料命名为"屈曲晶体（bucklicrystals）"。能够实现各向同性的体积减小的构件是建造三维拉胀超材料的理想构件，而图案化的球壳就具备这种性质。球壳上孔的数量只有是6、12、24、30和60时才具备构件的性能，其中带有6、12、24个孔的球壳具有八面体对称性，而带有30和60个孔的球壳具有二十面体对称性。在只要求八面体对称性的前提下，只考虑简单立方（simple cubic，SC）、体心立方（body-centered cubic，BCC）和面心立方（face-centered cubic，FCC）这三种简单的晶格单元，得到的构件和代表性体积元素如图3.52所示。他们通过桌面级实验和有限元模拟相结合的方法，研究了这些结构的振动响应，发现在定性和定量上都具有一致性。这种屈曲晶体为三维拉胀超材料的设计开辟了新的途径。

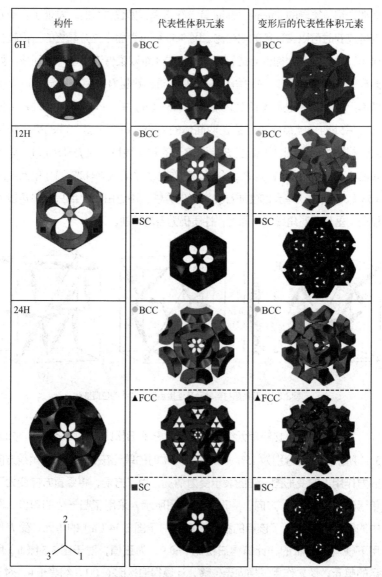

图3.52　图案化的球壳构成的负泊松比超材料

五模超材料是一类性能十分特殊的超材料，其五模特性将在 3.4 节中详细介绍。德国的 Muamer Kadic 等人在研究五模超材料时，发现了当单元结构改变时可以实现负的泊松比。图 3.53 所示为面心立方晶格的五模超材料单元，它由 4 个构件组成，每个构件由 4 个双锥臂连接于一点而成。如果要求连接点 P 可以在对角线方向上移动，则随着 P 点的移动，可以改变单元的结构，进而影响其性能。图 3.53（a）中，P=25%，此时 P 点位于由另外四个端点所确定的正四面体的中心，每两个臂之间的夹角都相同，材料为各向同性的。当 P 点沿单元的对角线移动且 P=15% 时，单元如图 3.53（b）所示，当 P 点沿单元的对角线移动且 P=42% 时，单元如图 3.53（c）所示，单元的性质都变为各向异性，不过由于 P 点只在对角线上移动，垂直于对角线的平面上，性质仍为各向同性。

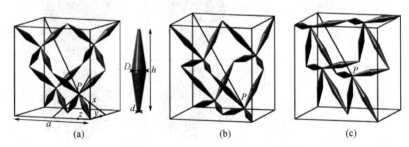

（a）　　　　　　　　　（b）　　　　　　　　　（c）

图3.53　五模超材料单元及连接点沿对角线的位置变化

上述的五模超材料单元结构改变时，它的泊松比也会随之改变，如图 3.54 所示为 P 值分别为 15%、31% 和 42% 时的单元在受平行于对角线方向的力作用下的变形图，左图表示受力情况，为了方便，将竖直方向变为了单元的（1，1，1）方向，变形量如右图所示，采用了归一化的单位，图中的箭头方向表示了该点的移动方向。对于图 3.54（a）的单元，受 F 作用下横向是膨胀的，计算得泊松比 v=0.9，为正值；对于图 3.54（b）所示的单元，受 F 作用下横向无位移，计算得泊松比 v=0.1，约等于 0；对于图 3.54（c）所示的单元，受 F 作用下横向是收缩的，计算得泊松比 v=−0.4，为负值。可见，五模超材料单元的结构改变也可以实现负的泊松比。

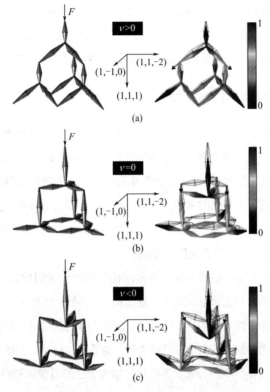

图3.54　具有不同泊松比的五模超材料

　　负泊松比超材料的实现方式还有多种，实现负泊松比的模型也不可尽举。由于超材料的兴起和增材制造技术的逐渐成熟，越来越多的新颖结构不断涌现，在将来，负泊松比超材料会得到越来越广泛的应用。

3.4　五模超材料

　　五模超材料（pentamode metamaterials）也被称为五模式超材料或五模超构材料，是一类具有类似流体性质的固体结构，而且它的等效性质可随单元的结构参数和几何参数而改变，因而在声场控制中具有广阔的应用前景。根据维度的差异，可以将其分为二维五模超材料和三维五模超材料，二维五模超材料具有平面结构而三维五模超材料具有立体结构。

3.4.1　五模超材料概述

一般来说，固体和流体的区别比较明显，除了沥青等物质，它们看上去虽是固体，但实际上是黏性极高的流体。对于一般的固体和流体，它们的能带结构有明显的区别。对正方形单元的固体铝和流体水进行能带计算，如图 3.33 所示，对于固体来说，它有剪切模态，而流体没有，表现在能带结构图上就是，固体单元从中心出发有两条线，一条为剪切波模态，一条为压力波模态，而流体只有压力波模态。

1995 年，Milton 和 Cherkaev 研究材料的弹性张量时提出了二模超材料（二维结构）和五模超材料（三维结构），如图 3.55 所示。二模超材料是二维结构的弹性张量的三个特征值中两个为零的超材料，五模超材料是三维结构的弹性张量的六个特征值中五个为零的超材料。二模超材料是五模超材料在二维结构的等效，因此常常被称为二维五模超材料。Milton 和 Cherkaev 指出，所有可能的机械材料都可以在五模超材料的基础上合成，五模超材料的特殊之处在于它的体积模量与剪切模量的比值 κ/G 为无穷大，从而避免了压力波和剪切波的耦合。对于理想的流体来说，剪切模量 $G=0$，泊松比 $v=0.5$，因此五模超材料也被称为"超流体"。

下面将从二维和三维两方面来介绍五模超材料的结构和特性。

（1）二维五模超材料

最初提出的二维五模超材料是蜂窝状结构，它的基本单元是菱形，当然也可以是矩形，如图 3.43 所示。如果沿着单元的最简布里渊区［如图 3.56（a）中着色区域］的边界扫描，得到该单元的较低频率范围的能带图，如图 3.56（b）所示，由图可见，在一定的频率范围内只有压力波模态，任何剪切波模态都不存在。沿着 ΓX 方向上分别取三条线上的三个点的模态图,如图 3.56(c)~(e)所示,可见 A 点和 B 点为剪切波模态而 C 点为压力波模态。采用复合结构的优势是,可以通过单元的尺寸参数来调节单元的等效性质,不同的材料组合也可以有效地调节单元的等效性质。

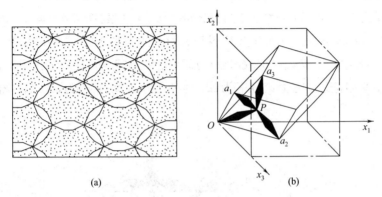

图3.55 最初提出的二模超材料和五模超材料

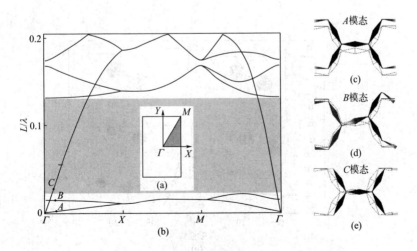

图3.56 复合结构单元的二维五模超材料能带图及特定点的模态

二维五模超材料一般都是蜂窝状结构，当臂之间夹角为120°时，材料是各向同性的，许多声学器件要求高的各向异性，为了得到具有高各向异性的二维五模超材料，美国国家科学研究委员会和美国海军研究实验室设计了一种二维五模超材料单元，如图3.57（a）所示，其中 a_1 和 a_2 为晶格常数，通过调节单元的参数，可以获得不同的性质，包括高的各向异性。单元的刚度的各向异性可以超过三个数量级，对于很多需要各向异性的声学器件非常有利，比如声学隐身斗篷。理想的声学隐身斗篷性质比较极端，他们通过一个声波散射消减器件来证明单元性质的可调性及高的各向异性，模型为环形，内径为 a，外径为 $2a$，对应的虚拟空间的内径为 $a/3$。针对器

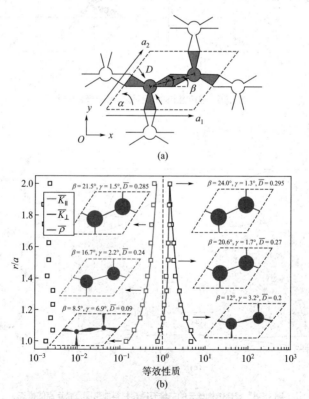

图3.57 各向异性的五模超材料单元和对声波散射消减器件性质的近似（详见封三）

件的理论性质设计的单元的等效性质如图3.57（b）所示，图中实线为通过变换声学得到的理想性质，小方形是设计的各个单元的性质，同一水平方向的黑色、绿色、蓝色和紫色小方形属于同一个单元，其中绿色为切向的相对刚度，紫色为径向的相对刚度，蓝色为相对密度，黑色为剪切模量相对于环境的体积模量的比值。可以看出通过调节单元的参数可以得到高的各向异性，完全可以制作该器件。

　　二维晶格包括斜方晶格、正方晶格、六方晶格、长方晶格和有心长方晶格。蜂窝状结构就属于六方晶格，图 3.56 中所用的单元就属于长方晶格（并不是最简单元）。其他晶格类型的单元能不能具有五模性质？

　　为了回答这个问题，首先设计一个基本单元，如图 3.58（a）所示，它

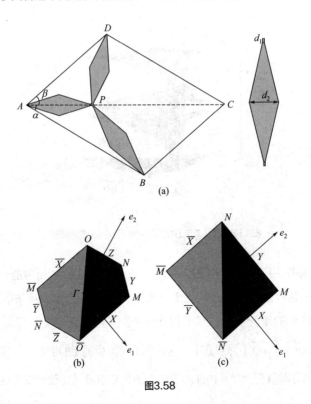

图3.58

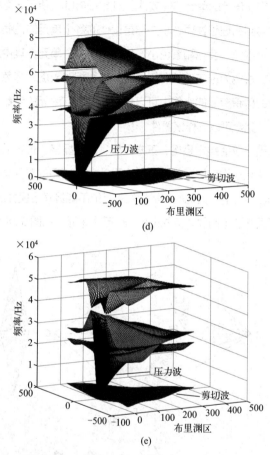

图3.58　两种二维五模超材料单元及其三维能带图

由中间粗两头细的臂结构连接而成，三个臂连接于单元内的一点P，臂的另一端分别位于单元的三个顶点处，通过改变角度α和β的值就可以得到任意的单元类型。单元内P点的位置也可以改变，可以表示为$\overrightarrow{AP}=\eta_1\overrightarrow{AB}+\eta_2\overrightarrow{AD}$（为系数），这样在单元类型确定的情况下，单元内部的结构也可以改变。单元内部的臂结构的尺寸也是另外改变单元性质的参数。以α=30°、β=40°和α=30°、β=50°为例，前者为斜方晶格，它的布里渊区如图3.58（b）所示，是一个六边形；后者为长方晶格，它的布里渊区如图3.58（c）所示，是一个长方形。对这两个单元类型（其中，d_1=0.01l，d_2=0.15l，η_1=η_2=1/3）进行能带结构计算，得到的能带结构如图3.58（d）和（e）所示，为了能看到整个能带结构的样子，选择了三维结构的能带图，底面为布里渊区的一半（因为布里渊区是对称结构），从图中可以看到，在一定的频率范围内只有压力波，而剪切波只存在于较低和较高的频率范围。

为了研究单元类型对五模频带的影响规律，在其他参数保持恒定的情况下（d_1=0.01l，d_2=0.15l，η_1=η_2=1/3），改变单元中α和β的值，计算单元的五模频带，结果如图3.59所示。从总体趋势上看，随着α和β值的增大，五模频带的带宽减小，尤其是五模频带的上限受影响更明显，当α和β值增大到一定程度时，五模频带消失。

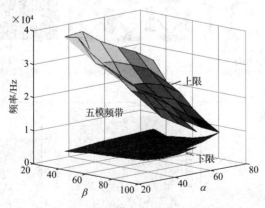

图3.59　五模频带的上下限与α和β的关系

二维五模超材料一般都是蜂窝状结构，因此可实现的性质有限。通过调节单元的结构参数，有时候只能够满足所需要的性质组合中的一个或两个，而无法同时满足所有的性质要求。为了能够使五模超材料单元的设计有更多的可能性，近年来有学者提出了一种自下而上的拓扑优化算法，系

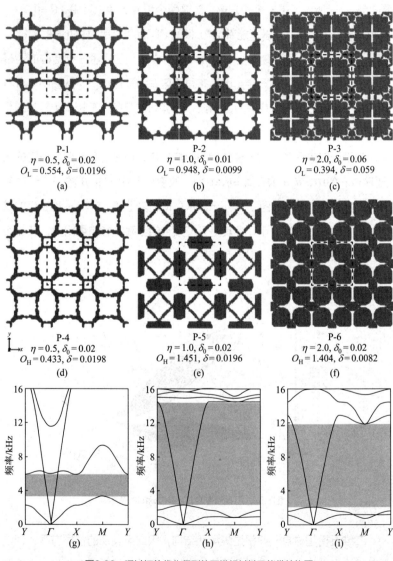

图3.60　通过拓扑优化得到的五模超材料及能带结构图

统地设计和探索一系列新型的各向同性或各向异性的五模超材料。五模超材料的微结构是根据所需要的有效密度、弹性模量、各向异性的程度和五模特性来优化得到的。他们根据不同的设计要求得到了多组结果，如图3.60所示是一组通过拓扑优化得到的各向同性的正方形晶格的五模超材料，（a）～（f）分别编号为P-1～P-6。它们由3×3个单元组成，中心虚线所围区域为一个单元，其中（a）～（c）和（d）～（f）为不同的优化方法得到的模型。与传统的五模超材料相比，它们的结构变得十分复杂。（g）～（i）分别为P-1、P-5、P-6的能带结构图，图中阴影区域为剪切波带隙，该区域只有压力波存在。可见这些单元在特定频率内都具有五模特性，这为五模超材料的设计提供了一种新途径。

（2）三维五模超材料

Milton和Cherkaev最初提出的三维五模超材料是理想的模型，由双锥构成的臂相连而成，四个臂的连接为点连接，不能稳定存在，如图3.61(a)所示。德国学者通过引入一定的剪切模量来使结构稳定。他们将臂的结构进行修改，将连接处的尺寸变为有限的直径d，如图3.61（b）所示，臂中间的直径D和臂长h也在图中标出，这些参数会影响五模超材料的性质。对于自然界的材料来说，金块具有较大的κ/G，可达13。通过增材制造加工出超材料模型进行实验，当臂长$h=10\mu m$，连接处尺寸$d=0.55\mu m$时，κ/G比值大于1000，是自然界材料所不能比的。

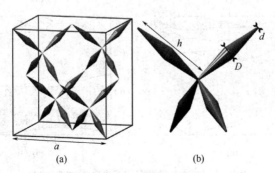

（a）　　　　　　　　　（b）

图3.61　可稳定存在的五模超材料单元

在实验证实了五模超材料的可实现之后，他们对不同参数的单元的能带结构进行了计算。图3.61（a）的单元为面心立方晶格，图中 a 为晶格常数，它的布里渊区如图3.62（a）所示，图中标出了最简区域（布里渊区）的特征点。当沿着最简区域的边界进行扫描，即可得到整个能带结构图。采用聚合物材料（E=3GPa，v=0.4，ρ=1190kg/m³）设计的不同参数的单元的能带结构如图3.62（b）～（d）所示，其中 a=37.3μm（因此，h=16.15μm）和 D=3μm，d 的 值 不 同：（b）3μm，（c）0.55μm，（d）0.2μm。图中从中心 Γ 沿 Γ—X 方向引出的曲线的拟合直线，它的斜率即是该方向的相速度。计算得到三个单元的剪切波和压力波的相速度分别为：（b）c_G=198m/s，c_κ=596m/s；（c）c_G=25m/s，c_κ=363m/s；（d）c_G=6m/s，c_κ=240m/s。在合适的尺寸下，压力波和剪切波的相速度可以相差一个数量级以上。从能带结构图中还可以看出，在阴影所示的频率范围内，只有压

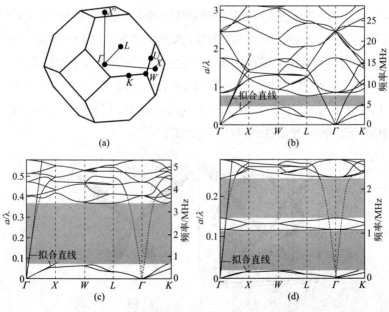

图3.62 单元的布里渊区及不同参数下的能带结构图

力波存在，是剪切波的完全带隙。因此，从能带结构图上证明了模型具有五模超材料的特性。

除了面心立方晶格的五模超材料单元之外，其他单元类型的五模超材料也不断被提出。西安交通大学提出了四种单元结构：三个立方晶格和一个体心立方晶格。通过计算它们的能带结构发现，其中有三个单元具有完全的剪切波带隙，是五模超材料；另一个只在单方向上具有剪切波带隙，限制了它的应用。

球体是一个特殊的形状，用基本的单元无法拼成一个完美的空心球，这也是基于五模超材料的三维声学隐身斗篷难以实现的原因之一。对于球体来说，它可以由一个多面体来近似，对于表面经过连续变形即可变为球面的多面体来说，它要满足多面体欧拉定理，即

$$V - E + F = 2 \qquad (3.32)$$

式中，V 是顶点数，E 是棱数，F 是表面数。球体有一种特殊的近似多面体，它由六个正方形和一系列六边形组成，如图 3.63 左图所示，该多面体的顶点可以分为两组，以红色和黑色标示，与红色顶点相邻的都是黑色，与黑色顶点相邻的都是红色。若沿径向进行相同的顶点布置并以这些顶点为连接点，就可以通过臂结构形成空心球体，臂的连接示意图如图 3.63 右图所示。

根据图 3.63 所示的臂结构，提出一种六方晶系单元的五模超材料，它的元胞如图 3.64（a）所示，它是上下对称结构，底面为夹角 60° 的菱形，单元内的臂的尺寸都相同。参数 k 为倾斜的三条臂所构成的四面体在竖直方向的高，当 $k = \sqrt{6}l/12$ 时（其中 l 为底面菱形的边长），连接点处的四个臂中两两夹角都相同。当 k 变大或变小时，就导致单元内部的结构发生变化。单元的布里渊区如图 3.64（b）所示，最简区域也在图中标出，只要沿最简区域的边界进行扫描，就可得到整个能带结构图。

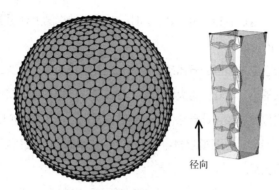

图3.63　球表面的一种划分方式及可构造单元

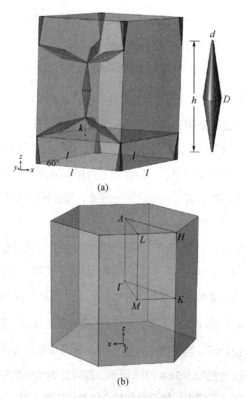

图3.64　具有六方晶系单元的五模超材料及其布里渊区

　　单元内的连接点的位置改变时，会影响单元的性质。很多情况下，需要水平方向各向同性而与竖直方向异性，因此，当连接点只在竖直方向移动时，可以保证倾斜的臂相互之间的夹角相同，而和竖直方向的臂与倾斜的臂之间的夹角不同。这样就可以保证在水平方向各向同性，而竖直方向与水平方向各向异性。记 $k=\eta\sqrt{6l}/12$。当 $\eta=1$ 时，k 为临界值。由于 k 的值不同，结构变化较大，性质也会随之变化。当单元的参数为 $l=1\text{cm}$，$d=0.01l$，$D=0.07l$，单元内各个臂的长度都相同，η 分别为 0.372、1 和 4.16 时单元模型如图 3.65 所示，由于底面边长一定，当 η 值增大时，单元的高度也随之增加。

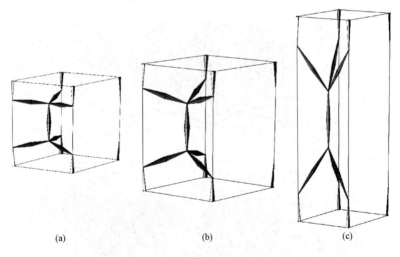

图3.65　η分别为0.372、1和4.16时的单元模型

　　对图 3.65 中的三个单元进行能带结构计算，得到的结果如图 3.66（a）～（c）所示，从图中可见每个单元都有一个五模频带，只有压力波可以传播。对于不同的单元，频带的位置和宽度不同，通过对不同 η 下的

单元的能带结构进行计算，得出五模频带的上下限和带宽与 η 的关系，如图 3.66（d）所示，当 η 过大或过小时，都会导致五模频带变窄，大约在 $\eta=0.7$ 时带宽最大。

这里只介绍了单元内的两个连接点只在竖直方向移动且保持镜面对称的情况，当两个连接点在其他方向移动时，单元也可能具有五模频带。不过，如果两个连接点移动到某些位置时，单元可能不存在五模频带，有时还会出现低频的完全带隙，这里不作具体介绍。

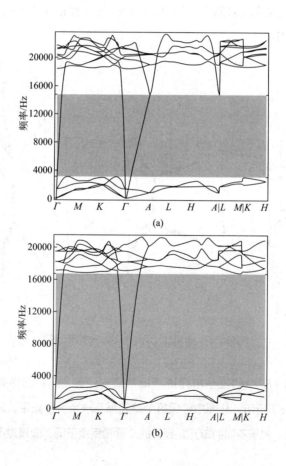

(a)

(b)

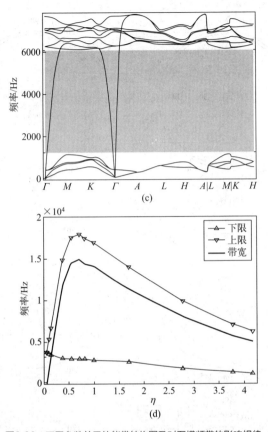

图3.66　不同参数单元的能带结构图及对五模频带的影响规律

3.4.2　五模超材料的等效性质

　　五模超材料是具有类似流体性质的固体结构，它具有各向异性的刚度和各向同性的密度，因而也就具有各向异性的相速度。五模特性和各向异性是五模超材料的重要特性，不论是二维结构还是三维结构，都可以通过调节单元的结构参数、尺寸参数和材料参数等，来调节五模超材料单元的五模频带和等效性质（包括各向异性）。

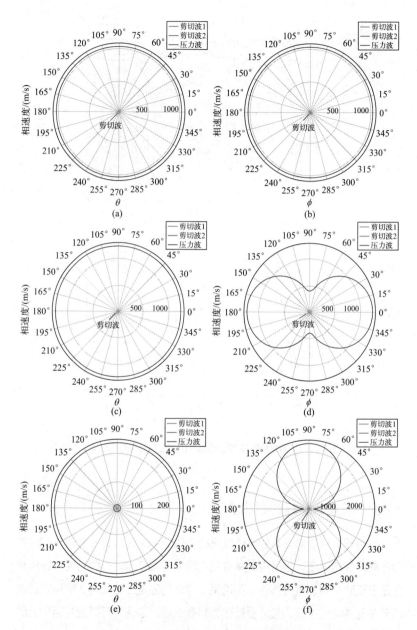

图3.67 三个单元在水平和竖直方向的相速度分布

对于三维五模超材料单元来说，晶格类型、单元内的臂的截面形状、臂的尺寸、臂的对称性、臂的复合结构、单元内连接点的位置等，都对五模超材料单元的五模频带和等效性质具有一定的影响。接下来以六方晶系单元为例，介绍一下部分参数对五模超材料性质的影响。

前一节已经介绍过图3.65所示的单元，通过改变 η 值，它的五模频带会发生改变，如图3.66所示。在能带结构图上，从中心 Γ 出发的沿某一方向的曲线的斜率即是该方向的相速度，三个单元在水平和竖直方向的相速度分布如图3.67所示。

为了能够全面地表示出单元的声速特性，这里在两个平面内以极坐标的形式表示出各个方向的声速：一个是水平面，以 θ 为变量；一个是竖直面，以 ϕ 为变量。针对图3.65（a）～（c）所示的单元，计算它在两个平面上的等效声速，结果如图3.67（a）～（f）所示：图（a）和图（b）是 $\eta=1$ 的单元在水平面和竖直面的相速度分布，可以看出在两个平面内的压力波相速度分布几乎都是圆形，因此单元沿各个方向的相速度相同，为各向同性，这也与单元的连接点处每两个臂之间的夹角都相同相一致；图（c）和图（d）是 $\eta=0.372$ 的单元在水平面和竖直面的相速度分布，在水平面内的压力波相速度分布为圆形，在竖直面内的相速度分布不均匀，竖直方向相速度最小而水平方向相速度最大，这也与单元的结构相一致，单元内同一连接点处倾斜的臂之间的夹角都相同而与竖直方向的臂的夹角不同；图（e）和图（f）是 $\eta=4.16$ 的单元在水平面和竖直面的相速度分布，在水平面内压力波的相速度分布为圆形，在竖直面内相速度分布不均匀，竖直方向的相速度最大而水平方向相速度最小，这也与单元的结构相一致。在三个模型中，剪切波的波速相对于压力波都极小。

从两个平面的相速度分布可以看出，当连接点只在竖直方向移动时，水平面内的相速度是各向同性的，在竖直方向的相速度是各向异性的，相速度的两个极值点在水平方向和竖直方向。当 η 改变时，研究单元的水平方向和竖直方向的相速度与 η 的关系，如图 3.68 所示，图中上标 C 代表压力波，S 代表剪切波，下标 ∥ 代表水平方向，⊥ 代表竖直方向。由图可以看出，当 $\eta=1$ 时，两个方向的压力波相速度相等；当 $\eta>1$ 时，随着 η 的增大，竖直方向的相速度增大而水平方向的相速度减小；当 $\eta<1$ 时，随着 η 的减小，水平方向的相速度增大而竖直方向的相速度减小。大多数情况下，剪切波的相速度相对于压力波都极小，当 η 接近于 0 时，竖直方向的压力波相速度较小，与剪切波的相速度相当。η 也可以小于 0，这时的单元仍然为五模超材料，但五模频带和各向异性相比于正的 η 时的模型并没有优势，图中没有画出。

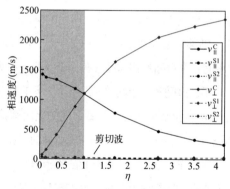

图3.68　参数 η 对相速度的各向异性的影响

组成单元的臂的尺寸对单元的性质也有影响。当 $\eta=1$ 时，单元为各向同性，这时单独改变 d 或 D，研究单一变量对单元的相速度的影响规律。当 $D=0.07l$ 时，相速度跟 d 的关系如图 3.69 左图所示，随着 d 的增大，所有相速度都增大，d 较小时，压力波随 d 的变化率较大，随着 d 的增大，变化率减小。当 $d=0.01l$ 时，相速度跟 D 的关系如图 3.69 右图所示，随着 D 的增大，相速度变小，而且 D 较小时变化率较大。由此可以推测，d 主要影响单元的等效刚度而 D 主要影响单元的等效密度：刚度越大，相速度越大；密度越大，相速度越小。而且不管 d 和 D 的值如何，两个方向的相速度几乎相同，可见，只改变 d 和 D 不会改变单元的各向异性。

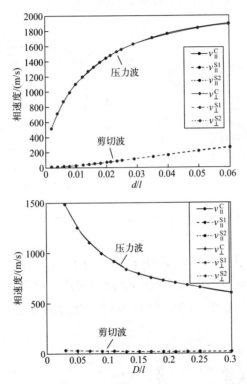

图3.69 各向同性单元的臂的参数 d 和 D 对相速度的影响规律

前面介绍的六方晶系单元中，臂的参数都相同。如果打破臂的统一性，可能会得到更多的可能性。如图 3.70 左图所示，将臂分为两组，竖直方向的臂为一组，其他的为另一组。将两组臂分别设置不同的参数，研究单元的相速度。针对模型（$\eta=1$，$D=0.5l$，$d_1=0.1l$，$l=1\text{cm}$），如果其他参数不变，只改变 d_2（竖直方向的臂的端部直径），单元的相速度与 d_2 的关系如图 3.70 右图所示。由图可见，即使 $\eta=1$，d_2 的变化仍然导致了两个方向的相速度不同，即出现了各向异性。当 d_2 接近 $0.1l$ 时，两个方向的相速度接近，单元大致为各向同性。d_2 越大，竖直方向的刚度越大，竖直方向的相速度越大，而水平方向的相速度受 d_2 的影响不大。

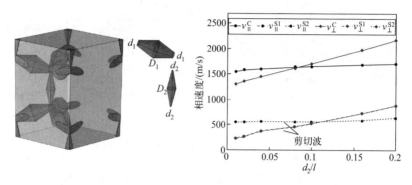

图3.70 打破臂的统一性的单元及 d_2 对相速度的影响

通过前面的分析已经可以了解到，连接处的尺寸主要影响单元的等效刚度，而臂中间的尺寸主要影响单元的等效密度。这是对单一材料的单元来分析的，如果将单元模型变为复合结构，如图 3.71 左图所示，模型由两

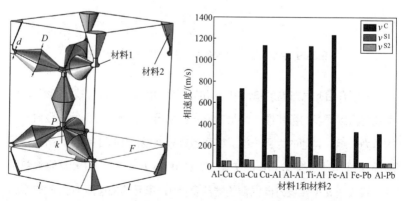

图3.71 复合结构的六方晶系五模超材料单元及材料对相速度的影响

种材料构成，连接处为一种材料，臂的中间为另一种材料。在同样的结构和尺寸参数（$\eta=1$，$d=0.05l$，$D=0.25l$）下，改变不同的材料组合，得到单元的相速度如图3.71右图所示，可见在相同的几何参数下，不同的材料组合对相速度的影响也很大。材料2相同的情况下，材料1的刚度越大，相速度越大；材料1相同的情况下，材料2的密度越大，相速度越小。

3.4.3　五模超材料在声场中的模拟

五模超材料具有类似流体的特性，因此在流体中传播的声波如果碰到五模超材料，若五模超材料跟外界流体的阻抗匹配，则声波可以完全传播过去。而五模超材料可以获得各向异性，因此通过五模超材料可以设计出许多具有特殊性质的声学器件，能够对声波的传播进行控制。

通过有限元软件的数值模拟，可以观察五模超材料在声场中的表现，如图 3.72 所示。作为对比，在一个纯水的区域左侧施加一个声信号，则水中的声场为一个规则的波；如果在水中放置一个固体材料，则一般会发生反射，到达固体后方的波的强度一般会减弱，而在水中放置一块五模超材料，当阻抗匹配时，声波可以完全透过五模超材料到达后方。由于五模超材料的等效声速与水的声速不同，通过同样尺寸的五模超材料和水所用的

图3.72　声波在水和放置五模超材料的水中传播的数值模拟

时间不同，表现在声场中，到达五模超材料后方的声波与在纯水中的声波的相位不同。五模超材料的声速可以调节，因此可以通过五模超材料设计一系列声学器件来控制声波的传播。

由不同的五模超材料单元可以构成很多声学器件，比如南京大学刘晓宙教授团队设计了一款基于五模超材料的声表面，用以控制声波的传播方向。如图 3.73（a）所示，想要声波通过一个薄的结构之后，声波的传播方向发生 θ_0 角的偏折。设置偏折角为 15°，求得所需要的理论值为图 3.73（b）中黑色虚线所示，通过设计一系列的五模超材料单元来近似，单元的性质

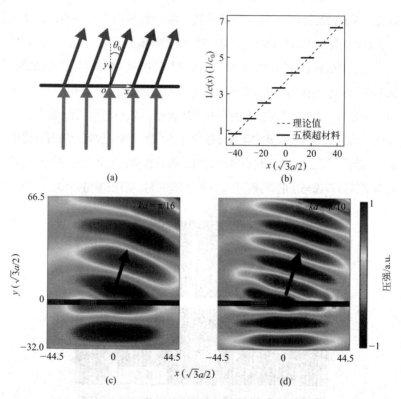

图3.73　用于声波偏折的五模超表面的设计及在声场中的数值模拟

如图3.73（b）中所示。将设计好的五模超材料（表面）放置在声场中，从底边施加频率为$ka=\pi/16$和$ka=\pi/10$（由于单元的性质跟尺寸是等比例的，这里ka是相对频率，其中k为波数，a为单元的晶格常数）的声波，得到的声场如图3.73（c）和（d）所示，由图可见，五模超表面确实使声波发生了有效偏折，而且在不同频率下，作用效果不变，具有宽频的特性。

同样是利用五模超材料，西安交通大学王兆宏教授团队设计了一种五模超表面，对声波的传输具有宽频、高效、可控的非对称传输特性。图3.74所示为入射角为10°时，从正向入射和从反向入射的声场，由图可见，从正向入射出现正折射而从反向入射则出现负折射。当入射角在0°～35°之间时在特定频率范围内都具有这种现象，而且透射率在85.4%以上。如果继续改变入射角，则正向入射会出现表面波传输而反向入射仍然是传输波。

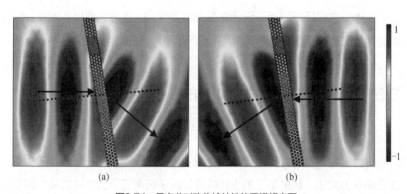

(a)　　　　　　　　　　　　　(b)

图3.74　具有非对称传输特性的五模超表面

中国科学院声学研究所杨军教授团队设计了一款由五模超材料构成的弯头型的声波导。通过理论计算求得波导的性质，根据所需要的性质设计五模超材料单元。波导的径向结构如图3.75（a）所示，由内侧到外侧，五模超材料的几何参数不同，沿着切向阵列，即得到整个波导结构，如图

3.75（b）所示。将该波导放置于水介质的声场中，如图 3.75（c）所示，声波从底部入射，通过弯头之后，波型仍然为平面波。作为对比，在一个充满水的弯头型的管道中，如图 3.75（d）所示，从底部入射的声波经过弯头的作用，后面的声波不再是规则的平面波。

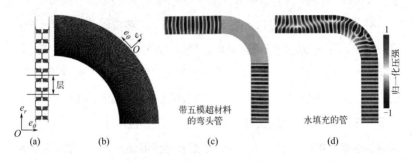

图3.75　由五模超材料构成的弯头型的声波导

　　五模超材料还可以用来设计许多声学器件，比如声学隐身斗篷等。五模超材料的优异性能，会使其在将来得到越来越多的应用。

3.5　声学/力学超材料的加工方法

　　对于传统的工件，一般采用机械加工的方法来获得。机械加工是指通过一种机械设备对工件的外形尺寸或性能进行改变的过程，一般分为切削加工和压力加工。切削加工的工艺特征取决于切削工具的结构以及切削工具与工件的相对运动形式。按工艺特征，切削加工一般可分为车削、铣削、钻削、镗削、铰削、刨削、插削、拉削、磨削、钳工和刮削等。压力加工是利用金属在外力作用下所产生的塑性变形，来获得具有一定形状、尺寸和力学性能的原材料、毛坯或零件的生产方法，称为金属压力加工，又称金属塑性加工。部分切削加工工件和压力加工工件如图 3.76 所示。

图3.76 部分切削加工工件和压力加工工件

超材料结构十分复杂，一般的机械加工方法难以满足。对于二维超材料模型来说，某些精密加工方法（如微铣削）可以用来加工。如图 3.77 所示为一个通过微铣削方法加工的二模超材料声学隐身斗篷。由于声学隐身斗篷的微观结构具有多尺度、高精度的特点，武汉第二船舶设计研究所采用德国 KN&G 公司的超精密微铣削中心进行了试制。微铣削中心的分辨率为 0.1μm，加工精度为 2μm。该方法为二维声学 / 力学超材料的加工提供了一种途径。

图3.77 微铣削方法加工的二模超材料声学隐身斗篷

目前，国际上对于超材料的加工主要是采用特种加工方法。二维超材料主要采用水射流和线切割的加工方法,也有采用增材制造的方法;而对于三维超材料,则主要采用增材制造的方法实现。本节对这三种特种加工方法做一个简单的介绍。

3.5.1 水射流加工

流动的液体具有能量,当积累到一定程度可以达到"水滴石穿"的效果。水射流(water jet)就是利用一束从小口径孔中射出的高速水流作用在材料上,使用其所具有的足够能量进行材料的清洗、剥层、切割等工作。当水压达到一定程度时,即使是一定厚度的金属板,也能轻易地切割,如图 3.78 所示。

图3.78 水射流加工

射流的介质不一定局限于水,统称其为水射流并不影响其他液体射流的存在。水射流可以分为很多种,也有不同的分类方法。比如根据水流的连续与否,可以分为连续射流和脉冲射流;按成分可以分为液体射流、磨料射流和空化射流等；按压力可以分为低压射流、高压射流和超高压射流；根据射流周围介质可以分为淹没射流和非淹没射流。

水射流切割技术主要有以下几个特点。

① 冷态切割：因为采用水和磨料切割，加工过程中基本不产生热效应，工件无受热变形，不会改变物理和化学性质。

② 可切割范围广：不论是金属还是非金属材料几乎都可以切割，如不锈钢、铜、铝、其他各种合金、陶瓷、玻璃、复合材料等，而且不受厚度限制。

③ 切割精度高：切割面整齐平滑，可以完成许多切割工具无法实现的切割作业，割缝小，可以降低材料浪费率。

④ 适应性好：生产效率高，切割可从工件上任意点开始，沿任意方向进行，而且一个喷嘴可以加工不同类型的材料和形状，无须更换刀具，节省了时间和成本，提高了生产效率。

⑤ 安全性和环保性高：切割过程中不产生有毒烟雾，而且无火花、无热效应、振动小，是安全环保的切割工艺，特别适合有特殊要求的危险作业环境。

水射流技术的这些优点，使其在二维超材料加工方面应用较广。如图3.79所示为水射流技术加工的一个具有超宽带隙的声子晶体板。它的单元模型是通过计算优化得出的，如图3.79（a）所示，单元具有宽频的带隙，能带结构如图3.79（e）所示，通过水射流技术在一个厚度为2.42mm的铝板上加工出边长为25mm的单元组成的模型，如图3.79（b）和（c），通过8×10个单元组成一个超材料模型，在模型上施加激励即可进行振动实验，如图3.79（d）所示。由图可以看出，水射流加工的精度不是特别高，直角处有较大的圆弧，而且水射流从喷嘴喷出之后，水流会随着距离而发散，所以加工面会有一定的倾斜。不过，水射流加工效率高，精度也能满足一般的加工要求。

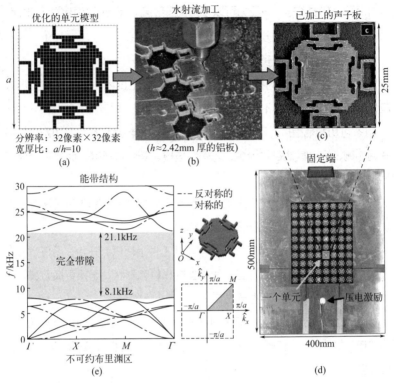

图3.79 二维声子晶体单元、带隙及模型加工
（a）优化的单元模型；（b）水射流加工；
（c）已加工的声子板；（d）加工的实验模型；（e）单元的能带结构

　　五模超材料具有类似流体的性质，因此具有很大的应用前景。美国研究人员报道了一种基于二维五模超材料的梯度折射率透镜，用于水声的宽频聚焦。通过修改的双曲正割曲线设计梯度折射率，并采用五模超材料实现，如图3.80（a）所示。该梯度折射率透镜由横向各向同性的六边形微结构组成，这些微结构即五模超材料，与体积模量相比，它们的剪切模量可以忽略不计。它们的体积模量和密度可以通过结构参数来调节，从而获得设计所需要的折射率。此外，单元与水的阻抗要匹配，以减少声波的反射，保证大部分声波都能进入透镜内。通过在铝板上采用水射流技术切割出厘米尺度的中空六边形微结构,然后将12层堆叠起来并与外部的水密封,就组成了梯度折射率透镜,如图3.80(b)所示。水下测试实验表明,在20～40kHz的范围内,可以观察到明显的宽频聚焦效应。

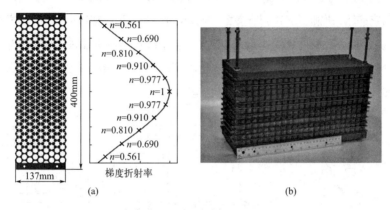

图3.80 梯度折射率透镜的设计及加工模型

3.5.2 电火花线切割加工

电火花线切割(wire electrical discharge machining,简称WEDM)也是加工二维复杂结构常用的加工方法。苏联拉扎连科夫妇研究开关触点受火花放电腐蚀损坏的现象和原因时,发现电火花的瞬时高温可以使局部的金属熔化、氧化而被腐蚀掉,从而发明了电火花加工方法。电火花线切割加工是在电火花加工基础上发展起来的一种工艺形式。与电火花加工相比,线切割是靠电极丝和工件之间的相对运动以加工出所需要的形状,不需要将电极预制成特定形状,节省成本,加工周期短,灵活性高。

电火花线切割的原理如图3.81所示,易于移动的细金属导线(钼丝或铜丝)作为一个电极,工件作为另一个电极,两者连接到一个脉冲电源上,通过不断的火花放电对工件进行放电蚀除,并按照预定的轨迹运动,以切割出各种表面。在蚀除的过程中，自由正离子和电子在场中积累，很快形成一个被电离的导电通道，两板间形成电流。导致粒子间发生无数次碰撞，形成一个等离子区，并很快升高到 8000 ～ 12000℃的高温，在两导体表面瞬间熔化一些材料。同时，由于电极和电介液的气化，形成一个气泡，并且它的压力规则上升直到非常高。然后电流中断，温度突然降低，引起气泡内向爆炸，产生的动力把熔化的物质抛出弹坑，然后被腐蚀的材料在电介液中重新凝结成小的球体，并被电介液排走。最后通过数控技术的监测和管控，伺服机构的执行，使这种放电现象均匀一致。

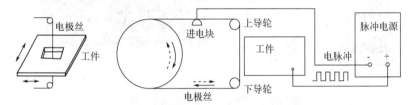

图3.81　电火花线切割的原理

图3.82　电火花线切割加工的现场照片

电火花线切割加工是依靠电极丝与工件之间产生火花放电对工件进行加工，无论被加工工件的硬度、黏度、韧性如何，只要是导体或半导体材料都能实现加工。由于是电脑控制，理论上任意的轨迹都可以实现，只是在加工件的内侧拐角处有最小圆弧半径的限制。最小圆弧半径为电极丝的半径加放电间隙，由于电极丝的直径较小，一般为 $0.03 \sim 0.35mm$，加工精度较好。目前，电火花线切割加工技术已经应用在了很多零件的加工上，如图 3.82 所示为使用电火花线切割加工机床加工的现场，电火花线切割在加工过程中使用的工作液一般为水基液或去离子水，加工安全。

前面介绍了水射流加工方法加工基于二维五模超材料的梯度折射率透镜，电火花线切割技术对于五模超材料的加工也合适。武汉第二船舶设计研究所设计了一个理论模型，如图 3.83（a）所示，数值模拟证明该模型具有水的声学特性，声波可以完全传输过去。他们通过慢走丝线切割加工工艺制备了该模型，如图 3.83（b）所示，它由单一金属材料制成，是一种厘米级的中空六边形结构。通过实验也证明了它的声学特性，当被水包围时，它可以表现出透明性。

图3.83 二维五模超材料理论模型和慢走丝线切割加工模型

北京理工大学提出了一个基于五模超材料的声学隐身斗篷模型，他们后来利用铝材通过电火花线切割技术加工出了一款基于五模超材料的声学隐身斗篷，如图 3.84 所示。图（a）为模型的整体图，它由亚波长尺度的微结构组成，由内环到外环尺寸、结构变化很大；图（b）为局部放大图，可以直观地看出这种变化；图（c）为单元模型，通过调节参数可以改变单元的等效性质；图（d）中的虚线为通过变换声学得出的理论性质，实线为设计斗篷选用的离散值；通过这些离散值来近似连续函数，根据这些离散值设计的单元的参数如图（e）所示。通过实验证明了斗篷的隐身效果，水下声波通过隐身斗篷时，在较宽的频率范围内大大减少了散射和阴影。

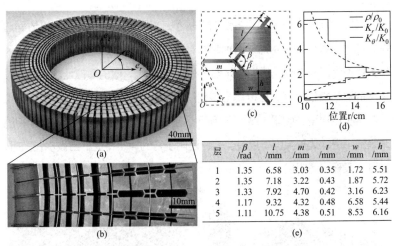

层	β /rad	l /mm	m /mm	t /mm	w /mm	h /mm
1	1.35	6.58	3.03	0.35	1.72	5.51
2	1.35	7.18	3.22	0.43	1.87	5.72
3	1.33	7.92	4.70	0.42	3.16	6.23
4	1.17	9.32	4.32	0.48	6.58	5.44
5	1.11	10.75	4.38	0.51	8.53	6.16

(e)

图3.84　线切割加工的水下声学隐身斗篷及各层单元参数

3.5.3　增材制造

增材制造（additive manufacturing，AM）俗称 3D 打印，它是以数字模型文件为基础，通过软件与数控系统将专用的金属材料、非金属材料等，按照挤压、烧结、熔融、光固化、喷射等方式逐层堆积，制造出实体物品的制造技术。与传统的对原材料去除（切削）、组装的加工模式不同，它是一种通过材料累加的制造方法。这使得过去受到传统制造方式的约束而无法实现的复杂结构件的制造变为可能。

增材制造的发明可以追溯到 20 世纪 80 年代，3D 打印的第一个专利是 1984 年由 3D Systems 公司的 Chuck Hull 创造的。增材制造技术还有快速原型、快速成型、快速制造、3D 打印等多种称谓。根据使用技术的不同，增材制造又分为很多种：光固化成型技术（stereo lithography appearance，SLA）、熔丝制造（fused filament fabrication，FFF）或熔融沉积成型（fused deposition modeling，FDM）、选择性激光烧结（selective laser sintering，SLS）、选择性激光熔化（selective laser melting，SLM）等。

由于超材料结构复杂，传统的加工工艺难以实现，而增材制造给超材料的加工提供了新的途径，而对于某些三维超材料来说，增材制造是目前唯一可以实现的加工方式。下面将分情况对几种增材制造方法做一个说明。

（1）光固化成型技术（SLA）

光固化成型技术是最早提出的增材制造技术，Chuck Hull 在其一篇论文中提出使用激光照射光敏树脂表面并固化以制作三维物体的概念之后，3D 打印行业巨头 3D Systems 公司在 1988 年根据 SLA 原理制作了世界上第一台 SLA 3D 打印机，并将其商业化。此后，基于 SLA 的机型不断涌现。

光固化成型技术是基于液态光敏树脂的光聚合原理工作的，这种液态材料在一定波长和强度的紫外光的照射下能迅速发生光聚合反应，材料从液态转变成固态。光固化成型的加工示意图如图 3.85 所示，液槽中盛满液态光敏树脂，光束在液态光敏树脂表面进行照射，光点照射的地方，液体就固化，未被照射的地方仍是液态，固化装置在计算机的指令下扫描，当一层扫描完成后，升降台下降一层高度，刮板在已成型的层面上又涂满一层树脂并刮平，然后再进行下一层扫描，新固化的一层牢固地粘在前一层上，如此重复直到整个零件制造完毕，得到一个三维实体。

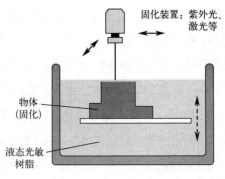

固化装置：紫外光、
激光等

物体
(固化)

液态光敏
树脂

图3.85　光固化成型的加工示意图

对于具有复杂结构的树脂类三维超材料，光固化成型技术是一种解决方案。Gerard 等人采用光固化成型技术制造了一种具有低频带隙的三维弹性超材料，它还可以具有负的泊松比，加工过程如图 3.86（a）所示，通过在液态树脂池中按照三维模型的分层图案进行分层扫描，即可得到最终的模型。为了实验方便，模型两端设计成板状，为了在不同的方向测试单元的特性，沿不同方向（$\Gamma—X$、$\Gamma—M$、$\Gamma—R$）加工出了模型，如图 3.86（b）所示。该材料可实现低频带隙，并且体积分数低至 3%（质量密度低至 0.034g/cm^3）。尽管质量密度非常低，但该模式仍能产生宽频带的、全向的和低频的弹性波带隙。它的带隙的产生源自悬伸节点微结构的网络，这些微结构在低频下产生局部共振，从而导致带隙的产生，阻碍弹性波的传输。通过实验也验证了模型的带隙特性，表明光固化成型技术可以用于树脂类超材料的加工。

（2）选择性激光烧结和选择性激光熔化

SLA 的材料是液态光敏树脂，材料比较单一，无法打印金属材料。对于金属材料的增材制造，主流的方法为选择性激光烧结和选择性激光熔化技术。它们的打印过程基本一致，如图 3.87 所示，打印开始前由粉末辊将粉末铺至打印平台，再根据设定的区域由激光烧结或熔化实现一层的打印，

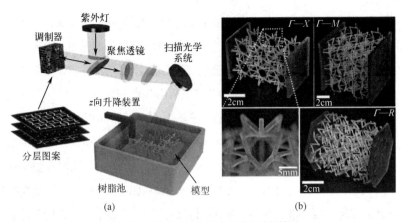

图3.86 光固化成型加工过程及加工出的模型

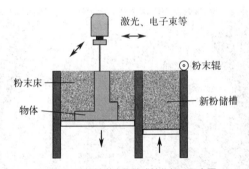

图3.87 选择性激光烧结或熔化加工示意图

每完成一层，平台会下降一个层高的距离，粉末辊会重新上料，再由激光成型一层，这样层层堆叠直至形成一个三维模型，为了防止金属氧化，需要在惰性气体环境下进行。它们两者也有区别：选择性激光烧结是通过激光对材料粉末进行照射使其中的特殊添加材料熔化以达到黏结剂的作用，从而将金属粉末结合成型实现金属打印；选择性激光熔化是通过激光器对金属粉末直接进行热作用，使其完全熔化再经过冷却成型的技术。选择性激光烧结一般应用波长较长的红外激光器作能源，而选择性激光熔化为了更好地熔化金属需要波长较短的激光器。从材料上来看，选择性激光烧结所使用的材料除了主体金属粉末外还需要添加一定比例的黏结剂粉末，黏结剂粉末一般为熔点较低的金属粉末或有机树脂等，选择性激光烧结件在力学性能和成型精度上都要比选择性激光熔化件差一些。

在前文介绍过一种超宽带隙的声子晶体，他们采用选择性激光烧结的增材制造方法制造出了一个 $4\times4\times3$ 单元的模型，如图 3.88 所示，使用的材料为尼龙 PA2200（E=1750MPa，ρ=930kg/m^3，ν=0.4），加工的模型尺寸为 200mm×200mm×150mm，气体和固体的体积比约为 15%，总重量大约 4.8kg。该模型通过实验测定，与理论值比较吻合，三层的单元结构下透射率减少 75dB，验证了它的第一个带隙。

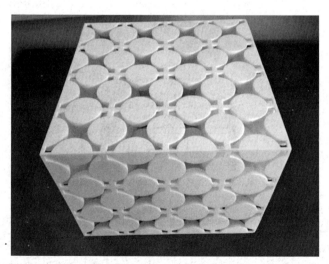

图3.88　选择性激光烧结技术加工的声子晶体

金属材质的二维五模超材料可以通过水射流技术加工，也可以通过电火花线切割工艺加工，当然也可以通过增材制造加工。如图 3.89 所示为通过选择性激光熔化技术加工的不同薄壁厚度的二维五模超材料单元，图中

t 代表薄壁厚度，材料为钛合金（Ti-6Al-4V）。研究发现，随着薄壁厚度从 0.18mm 增加到 0.45mm，五模超材料的压缩模量增加，泊松比降低。随着层数的增加，五模超材料的泊松比迅速增加，并达到 0.50～0.55 的稳定值。通过对试样进行实验，证明了实验结果跟数值计算结果相一致。说明了选择性激光熔化获得的五模超材料具有跟板材加工工件相当的强度。

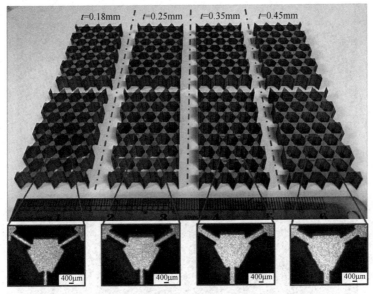

图3.89 通过选择性激光熔化技术加工的不同薄壁厚度的二维五模超材料

对于三维五模超材料的加工来说，没有多少选择的余地，只有增材制造可以很好地完成这项任务。图 3.90 所示为采用选择性激光熔化技术加工的三维五模超材料，粉末材料为钛合金（Ti-6Al-4V），在惰性气体的保护环境下加工完成。Ti-6Al-4V 是一种具有生物相容性和高机械强度的钛合金，应用广泛。激光的能量需要合理地分配，既要保证能量的密度足够高，以确保具有合适尺寸的熔池，产生完全固态的材料，也要避免过热,以防止合金元素的蒸发和所得材料的脆化。由该钛合金制造的五模超材料的力学性能比聚合物材料的类似结构要高好几个数量级,此外,该结构的弹性模量和屈服应力跟它的相对密度解耦,也就意味着可以独立调节其弹性和质量。通过实验研究发现,数值计算结果和实验结果之间具有良好的一致性。这项工作为金属的三维五模超材料的设计和加工提供了一定的借鉴意义。

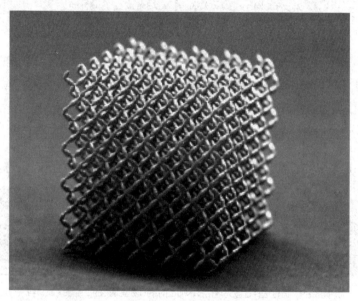

图3.90 选择性激光熔化技术加工的三维五模超材料

在金属材料的增材制造中,能量源一般为激光,其他形式的能量源也可以用来进行金属的增材制造。如图3.91所示为使用电子束熔化加工的钛合金工件,它是两端有板约束的三维五模超材料。通过对该五模超材料在弹性和后屈服状态下的力学响应进行实验研究,结果表明,微观结构的几何形状和宏观的纵横比强烈影响结构的横向和纵向刚度特性。研究表明该模型的力学响应与由软橡胶垫和加强钢或纤维增强复合材料层形成的弹性支座的力学响应具有相似性，为将来采用五模超材料进行隔振或应用剪切波带隙铺平了道路。

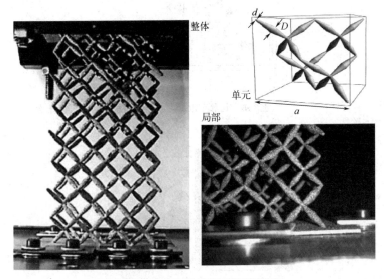

图3.91 电子束熔化加工的三维五模超材料

（3）熔融沉积成型

熔融沉积成型是由美国学者Dr. Scott Crump于1988年研制成功的工艺，它是一种不使用激光器加工的方法。其原理如图3.92所示，丝材在喷头中被加热到温度略高于其熔点，通过一个带有微细喷嘴的喷头挤喷出来，当液体材料被挤出之后在空气中迅速冷却并沉积到已成型表面，通过喷嘴所在装置的x-y联动实现整层的加工，这时，平台向下移动一个层高，进行下一层的加工。通过层层累积，实现模型的成型。

打印头的构造如图3.93所示，在工作开始前，需要事先将打印丝插到打印头里。工作时，液化装置将打印丝熔化，驱动轮旋转带动打印丝进给，将液化的打印丝挤出喷嘴，沉积到已成型的表面上。

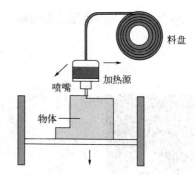

图3.92 熔融沉积成型的加工示意图

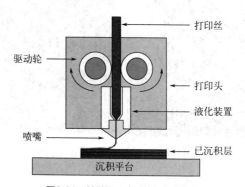

图3.93 熔融沉积成型的打印头构造

熔融沉积成型技术的桌面级 3D 打印机主要以 ABS 和聚乳酸（PLA）为材料，PLA 是一种生物可分解塑料，无毒性，环保，制作时几乎无味，成品形变也较小，所以国外主流桌面级 3D 打印机均已转为使用 PLA 作为材料。熔融沉积成型技术的优势在于制造简单，成本低廉，但是桌面级的熔融沉积成型制造打印机，由于出料结构简单，难以精确控制出料形态与成型效果，同时温度对于熔融沉积成型效果的影响非常大，精度较难保证。如图 3.94 所示为采用熔融沉积成型技术加工的各向异性的电磁学超材料，所用材料为聚碳酸酯，模型尺寸为 109.22mm×54.61mm×35.56mm，实验结果与理论吻合，材料具有各向异性的介电常数。

图3.94 熔融沉积成型加工的各向异性超材料

　　五模超材料是弹性张量的六个特征值中五个为零的特殊材料，只在一个方向上表现出极高的刚度，在其他方向上表现出极高的顺应性。由此有研究人员推测是否可以找到中间的极值材料，比如四模、三模、二模。他们试图将不同结构的五模超材料单元组合起来以探索混合的五模超材料的弹性性质和每个单元的弹性性质的相关性，通过有限元软件和机械测试实验对混合模型进行研究。当五模超材料单元内中点的位置不同时，单元的性质有很大差别，为此，他们采用熔融沉积成型技术加工了不同中点位置的五模超材料模型，如图 3.95 所示，中点位置分别为 $P=25\%$、$P=42\%$ 和 $P=15\%$。具有不同结构的五模超材料可以按一定规律组成混合结构，对混合的五模超材料进行研究表明，设计和构造具有任意弹性张量特征值的混合结构超材料是可能的。

　　相比于传统的机械加工成型方式，增材制造方法对于复杂模型的成型具有无法比拟的优势，早期的增材制造受限于精度和强度，而随着对增材制造研究的深入，增材制造成型的模型的精度和强度已经大为提高，并获得了广泛的应用。超材料（尤其是三维超材料）的结构太复杂，传统的加工方法难以实现，而增材制造方法可以方便地完成。正是由于增材制造技术的支持，超材料的研究获得了更好的发展和应用。

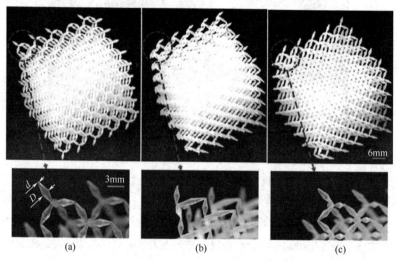

图3.95 增材制造加工的三种五模超材料
（a）P=25%；（b）P=42%；（c）P=15%

结 语

　　超材料是一类通过人工构造单元来实现特殊性能的材料。由于它可以实现许多自然界不存在的具有颠覆性的性质，因此获得了越来越多的关注和研究。但对于不是超材料研究领域的人来说，这个名词和内涵还有些陌生。本书通过电磁学和声学／力学超材料领域的几个典型应用，对超材料做一个简单的介绍。

　　电磁学超材料是超材料的一个重要分支，也是研究最早的超材料。其他领域的许多超材料都或多或少地借鉴了电磁学超材料的内容。电磁隐身斗篷是一类可以完全消除所包裹的物体对电磁场的影响的装置，在光波段即为光学隐身斗篷。电磁隐身斗篷一经提出便引起轰动，被《科学》杂志评为 2006 年的十大科技突破之一。电磁隐身斗篷需要的材料性质较为特殊，通过不断的研究，一维斗篷（包括地面斗篷）、二维斗篷、三维斗篷都有一系列的理论成果，并且一维斗篷和二维斗篷都有相应的实验研究，具有全方位电磁隐身特性的三维斗篷还未有相关的实验报道，也促使人们在这一应用领域继续探索。自然界中的材料一般具有正的折射率，而在电磁学超材料中，负折射率也是可以实现的。实现负折射率的方法有多种：具有负介电常数和负磁导率的双负介质，基于光子晶体的负折射率超材料和手性负折射率超材料。负折射率超材料对电磁波的折射同正折射率材料有很大的不同，它的折射光线与入射光线位于法线的同一侧。负折射率超材料的独特性质，使其具有广阔的应用前景。光子晶体是指具有光子带隙特性的周期性电介质。光子晶体是由周期性的结构组成，这些结构在一维、二维或三维方向上具有较低或较高的介电常数，以影响结构内电磁波的传播。由于这种周期性，光的透射在某些频率范围内绝对为零，这被称为光子带隙，也被称为"禁带"。通过光子晶体，可以实现多种的特殊应用。虽然光子晶体大多为人造材料，但在自然界中也发现了多种具有光子晶体的生物或材料，它们的特殊性能，也对于人们的研究具有一定的启发。由于电器和电子设备的广泛应用，电磁波已经无处不在，随之也出现了多天线干扰、电磁辐射和污染等问题，需要电磁吸波技术来消除有害电磁波，而且电磁吸波技术还可以为电磁隐身技术（指雷达探测不到反射波）、电磁兼容提供解决方案，此外在能量收集、传感和探测等方面也有广阔的应用前景。电磁学超材料吸波体对电磁波的吸收具有很大的优势，它可以在特定的单个或多个频率上实现完美的吸收，也可以在一个较宽的频带上实现较好的吸收，因此，电磁学超材料吸波体在今后将会获得更大的应用。

声学和力学超材料也是超材料的一个重要分支，两者都是针对弹性波。受到电磁隐身斗篷的启发，声学隐身斗篷应运而生。基于坐标变换方法设计的斗篷是声学隐身斗篷的主流，这类斗篷要求具有各向异性的声速，这样就有两类声学隐身斗篷：一类是具有各向异性的密度和各向同性的体积模量，称为惯性斗篷；另一类是具有各向同性的密度和各向异性的刚度，为五模超材料斗篷。这两类声学隐身斗篷的性质又都依赖于坐标变换关系，因而在一维、二维和三维的斗篷上都出现了各种各样的设计。部分一维和二维的声学隐身斗篷已经进行了实验研究，而三维全方位的声学隐身斗篷还停留在理论阶段，等待着人们研究的突破。在电磁学领域有光子晶体，相对应地，在声学领域有声子晶体。声子晶体就是具有弹性波带隙的周期性结构的功能材料。声子晶体的典型特征就是存在着弹性波的带隙，又称禁带。当弹性波的频率落在禁带范围内时，弹性波在声子晶体中被禁止传播。声子晶体一般分为二维结构和三维结构，每种结构又有不同的设计，因此，不同的声子晶体的带隙差别很大。由于声子晶体对某频率处在带隙内的任意弹性波都有完全的阻碍作用，因此在隔声材料、隔振材料、声波控制材料等方面具有广阔的应用前景。

　　自然界中的材料大多为正泊松比材料，也就意味着当材料受拉时，横向会收缩，而当材料受压时，横向会膨胀。而在超材料中，可以实现负泊松比超材料，当材料受拉时，横向会膨胀，当材料受压时，横向会收缩。由于与传统材料不同，使得负泊松比材料具有一定的应用前景。一般来说，固体材料和流体材料差异明显，在流体材料中没有剪切模量而在固体材料中有。五模超材料是在一定的频率内不支持剪切波传播的一类固体结构。五模超材料分为二维和三维，二维五模超材料又被称为二模超材料，它们一般都是由臂结构相互连接而成。对于五模超材料来说，它的单元类型、臂的类型、臂的对称性、臂的复合结构、连接点的位置等都会影响单元的五模频带和等效性质。五模超材料的另一个特点是它可以实现各向异性，并且随单元结构的变化而改变，这是流体材料难以实现的。五模超材料可以用来改变波阵面，获得非对称传输特性，实现弯头型的声波导等。五模超材料的特殊性，将使其得到越来越多的应用。超材料的性质主要依赖于它的结构，因此，超材料的加工也是超材料能够获得应用的一个关键。对于声学/力学超材料来说，它的尺寸较大，可以采用传统的机械加工方法来加工，但由于超材料的结构十分复杂，一般的机械加工方法难以实现，因此，超材料的加工一般采用特种加工方式。对于二维超材料来说，可以采用水射流、电火花线切割、增材制造等方法加工；对于三维超材料来说，一般采用增材制造的方法加工。增材制造又分为光固化成型、选择性激光烧结和选择性激光熔化、熔融沉积成型等，增材制造的发展给超材料的加工创造了有利条件，使得越来越多的超材料可以被加工出来。

参考文献

[1] Lee D, Nguyen D M, Rho J. Acoustic wave science realized by metamaterials [J]. Nano Convergence,2017,4(1):1-15.

[2] Walser R M. Electromagnetic metamaterials [J]. SPIE, 2001, 4467: 1–15.

[3] Walser R M. "Metamaterials: What are they? What are they good for?", 2000.

[4] Veselago V G. The electrodynamics of substances with simultaneously negative values of ε and μ [J]. Soviet Physics Uspekhi, 1968, 10 (4): 509–514.

[5] 周济, 李龙土. 超材料技术及其应用展望[J]. 中国工程科学, 2018, 20(6): 69-74.

[6] 周永光. 电磁超材料的吸波体设计与研究[D]. 合肥: 安徽大学, 2018.

[7] Pendry J B, Schurig D, Smith D R. Controlling electromagnetic fields [J]. Science, 2006, 312(5514): 1780–1782.

[8] Schurig D, Mock J J, Justice B J, et al. Metamaterial electromagnetic cloak at microwave frequencies [J]. Science, 2006, 314(5801): 977–980.

[9] Schurig D, Pendry J B, Smith D R. Calculation of material properties and ray tracing in transformation media [J]. Optics express, 2006, 14: 9794-9804.

[10] Cummer S A, Popa B I, Schurig D, et al. Full-wave simulations of electromagnetic cloaking structures[J]. Physical Review E, 2006, 73: 036621.

[11] Landy N, Smith D R. A full-parameter unidirectional metamaterial cloak for microwaves[J]. Nature Materials, 2012, 12(1): 25–28.

[12] Wu Q, Zhang K, Meng F, et al. Material parameters characterization for arbitrary N-sided regular polygonal invisible cloak[J]. Journal of Physics D: Applied Physics, 2009, 42: 035408.

[13] Ma H, Qu S, Xu Z, et al. Approximation approach of designing practical cloaks with arbitrary shapes[J]. Optical Express, 2008, 16(20):15449-15454.

[14] Zhang J, Luo Y, Chen H, et al. Cloak of arbitrary shape[J]. Journal of The Optical Society of America B-optical Physics, 2008, 25: 1776-1779.

[15] Cheng Q, Jiang W X, Liu R P, et al. Analytical design of conformally invisible cloaks for arbitrarily shaped objects[J]. Physical Review E, 2008, 77: 066607.

[16] 贾秀丽, 王晓鸥, 周忠祥, 等. 手性负折射率材料的最新进展[J]. 中国光学, 8(4): 548-556.

[17] Smith D R, Padilla W J, Vier D C, et al. Composite medium with simultaneously negative

permeability and permittivity[J]. Physical Review Letters, 2000, 84(18): 4184-4187.

[18] Padilla W J, Basov D N, Smith D R. Negative refractive index metamaterials[J]. Materials Today, 2006, 9(7–8): 28-35.

[19] Shelby R A, Smith D R, Schultz S. Experimental verification of a negative index of refraction[J]. Science, 2001, 292(5514): 77–79.

[20] Dolling G, Enkrich C, Wegener M, et al. Low-loss negative-index metamaterial at telecommunication wavelengths[J]. Optics Letters, 2006, 31(12): 1800-1802.

[21] Dolling G, Wegener M, Soukoulis C M, et al. Negative-index metamaterial at 780nm wavelength[J]. Optics Letters, 2007, 32(1): 53-55.

[22] Pendry J B. A chiral route to negative refraction[J]. Science, 2004, 306: 1353-1355.

[23] Panpradit W, Sonsilphong A, Soemphol C, et al. High negative refractive index in chiral metamaterials[J]. Journal of Optics, 2012, 14: 075101.

[24] Parimi P V, Lu W T, Vodo P, et al. Negative refraction and left-handed electromagnetism in microwave photonic crystals[J]. Physical Review Letters, 2003, 92(12):127401.

[25] Jiang P, Xie K, Yang H, et al. Negative propagation effects in two-dimensional silicon photonic crystals[J]. International Journal of Photoenergy, 2012: 702637.

[26] Yablonovitch E. Inhibited spontaneous emission in solid-state physics and electronics[J]. Physical Review Letters, 1987, 58(20):2059-2062.

[27] John S. Strong localization of photons in certain disordered dielectric superlattices[J]. Physical Review Letters, 1987, 58(23): 2486-2489.

[28] Robinson S, Nakkeeran R. Photonic crystal ring resonator based optical filters[A]. Passaro V. Advances in Photonic Crystals[C]. IntechOpen, 2013: 3-26.

[29] Yablonovitch E, Gmitter T J. Photonic band structure: the face-centered-cubic case[J]. Physical Review Letters, 1989, 63: 1950.

[30] Leung K M, Liu Y F. Full vector wave calculation of photonic band structures in face-centered-cubic dielectric media[J]. Physical Review Letters, 1990, 65: 2646.

[31] Zhang Z, Satpathy S. Electromagnetic wave propagation in periodic structures: bloch wave solution of Maxwell's equations[J]. Physical Review Letters, 1990, 65: 2650.

[32] Ho K M, Chan C T, Soukoulis C M. Existence of a photonic gap in periodic dielectric structures[J]. Physical Review Letters, 1990, 65: 3152.

[33] Yablonovitch E, Gmitter T J, Leung K M. Photonic band structure: the face-centered-cubic case employing nonspherical atoms[J]. Physical Review Letters, 1991, 67(17): 2295.

[34] Lin S Y, Fleming J G, Hetherington D L, et al. A three-dimensional photonic crystal operating at

infrared wavelengths[J]. Nature, 1998: 394, 251.

[35] Leonard S W, Mondia J P, van Driel H M, et al. Tunable two-dimensional photonic crystals using liquid-crystal infiltration[J]. Physical Review B, 2000, 61(4): 2389-2392.

[36] Knight J C. Photonic band gap guidance in optical fibers[J]. Science, 1998: 282(5393).

[37] Mekis A, Chen J C, Kurland I, et al. High transmission through sharp bends in photonic crystal waveguides[J]. Physical Review Letters, 1996, 77: 3787.

[38] Vasić B, Isić G, Gajić R, et al. Controlling electromagnetic fields with graded photonic crystals in metamaterial regime[J]. Optics Express, 2010, 18(19): 20321-20333.

[39] Rahmani A, Chaumet P C. Optical trapping near a photonic crystal[J]. Optics Express, 2006, 14(13): 6353-6358.

[40] 鄢腾奎, 梁斌明, 蒋强, 等. 古斯-汉欣(Goos-Hänchen)位移研究综述[J]. 光学仪器, 2014, 36(01): 90-94.

[41] Matthews A, Kivshar Y. Experimental studies of the internal Goos-Hänchen shift for self-collimated beams in two-dimensional microwave photonic crystals[J]. Applied Physics Letters, 2008, 93: 131901.

[42] Yoshioka S, Kinoshita S. Wavelength-selective and anisotropic light-diffusing scale on the wing of the Morpho butterfly[J]. Proceedings of the Royal Society B: Biological Sciences, 2004, 271: 581-587.

[43] Yoshioka S, Kinoshita S. Effect of macroscopic structure in iridescent color of the peacock feathers[J]. Forma, 2002, 17: 169-181.

[44] Gaillou E, Fritsch E, Aguilar-Reyes B, et al. Common gem opal: an investigation of micro-to nano-structure[J]. American Mineralogist, 2008, 93(11-12): 1865-1873.

[45] Mateˇjkovaˊ-Plsˇkovaˊ J, Jancˇik D, Masˇlaˊnˇ M, et al. Photonic crystal structure of wing scales in sasakia charonda butterflies[J]. Materials Transactions, 2010, 51(2): 202-208.

[46] Armstrong E, O'Dwyer C. Artificial opal photonic crystals and inverse opal structures—fundamentals and applications from optics to energy storage[J]. Journal of Materials Chemistry C, 2015, 3: 6109.

[47] Teyssier J, Saenko S V, van der Marel D, et al. Photonic crystals cause active colour change in chameleons[J]. Nature Communications, 2015, 6: 6368.

[48] Mäthger L M, Land M F, Siebeck U E, et al. Rapid colour changes in multilayer reflecting stripes in the paradise whiptail, Pentapodus paradiseus[J]. The Journal of Experimental Biology, 2003, 206: 3607-3613.

[49] Gur D, Leshem B, Farstey V, et al. Light-induced color change in the sapphirinid copepods:

tunable photonic crystals[J]. Advanced Functional Materials, 2016, 26: 1393-1399.

[50]　田春胜. 电磁超材料吸波体的设计及应用研究[D]. 哈尔滨: 哈尔滨工程大学, 2016.

[51]　王彦朝, 许河秀, 王朝辉, 等. 电磁超材料吸波体的研究进展[J]. 物理学报, 2020, 69(13): 134101.

[52]　Fante R L, McCormack M T. Reflection properties of the salisbury screen[J]. IEEE Transactions on Antennas and Propagation, 1988, 36(10): 1443-1454.

[53]　Du Toit L J. The design of Jauman absorbers[J]. IEEE Antennas and Propagation Magazine, 1994, 36(6): 17-25.

[54]　Jaggard D L, Engheta N, Liu J. Chiroshield: a Salisbury/Dallenbach shield alternative[J]. Electronics Letters, 1990, 26(17): 1332-1334.

[55]　Landy N I, Sajuyigbe S, Mock J J, et al. Perfect metamaterial absorber[J]. Physical Review Letters, 2008, 100: 207402.

[56]　Shen X P, Cui T J, Zhao J M, et al. Polarization-independent wide-angle triple-band metamaterial absorber[J]. Optics Express, 2011, 19(10): 9401-9407.

[57]　Wang W, Yan M, Pang Y, et al. Ultra-thin quadri-band metamaterial absorber based on spiral structure[J]. Applied physics A: Materials science & processing, 2015, 118(2):443-447.

[58]　Wang B X, He Y, Lou P, et al. Multiple-band terahertz metamaterial absorber using multiple separated sections of metallic rectangular patch[J]. Frontiers in Physics, 2020, 8:308.

[59]　Ding F, Cui Y, Ge X, et al. Ultra-broadband microwave metamaterial absorber[J]. Applied Physics Letters, 2012, 100: 103506.

[60]　Jiang M, Song Z, Liu Q H. Ultra-broadband wide-angle terahertz absorber realized by a doped silicon metamaterial[J]. Optics Communications, 2020, 471: 125835.

[61]　Assimonis S D, Fusco V. Polarization insensitive, wide-angle, ultra-wideband, flexible, resistively loaded, electromagnetic metamaterial absorber using conventional inkjet-printing technology[J]. Scientific Reports, 2019, 9: 12334.

[62]　Cummer S A, Schurig D. One path to acoustic cloaking[J]. New Journal of Physics, 2007, 9: 45.

[63]　Craster R V, Guenneau S. Acoustic metamaterials: negative refraction, imaging, lensing and cloaking[M]. Springer Series in Materials Science, 2013.

[64]　Wang H, Zhang L, Shah S, et al. Homogeneous material based acoustic concentrators and rotators with linear coordinate transformation[J]. Scientific Reports, 2021, 11: 11531.

[65]　Cheng Y, Yang F, Xu J Y, et al. A multilayer structured acoustic cloak with homogeneous isotropic materials[J]. Applied Physics Letters, 2008, 92: 151913.

[66]　Zigoneanu L, Popa B I, Starr A F, et al. Design and measurements of a broadband two-

dimensional acoustic metamaterial with anisotropic effective mass density[J]. Journal of Applied Physics, 2011, 109: 054906.

[67] Pendry J B, Li J. An acoustic metafluid: realizing a broadband acoustic cloak[J]. New Journal of Physics, 2008, 10: 115032.

[68] Popa B I, Wang W, Konneker A, et al. Anisotropic acoustic metafluid for underwater operation[J]. The Journal of the Acoustical Society of America, 2016, 139: 3325.

[69] Seitel M J, Shan J W, Tse S D. Controllable acoustic media having anisotropic mass density and tunable speed of sound[J]. Applied Physics Letters, 2012, 101: 061916.

[70] Zhao J, Zhi N C, Li B, et al. Acoustic cloaking by extraordinary sound transmission[J]. Journal of Applied Physics, 2015, 117(21):2932.

[71] Garcia-Chocano V M, Sanchis L, Diaz-Rubio A, et al. Acoustic cloak for airborne sound by inverse design[J]. Applied physics letters, 2011, 99: 074102.

[72] Li J, Pendry J B. Hiding under the carpet: a new strategy for cloaking[J]. Physical Review Letters, 2008, 101: 203901.

[73] Zhu W, Ding C, Zhao X. A numerical method for designing acoustic cloak with homogeneous metamaterials[J]. Applied Physics Letters, 2010, 97: 131902.

[74] Popa B I, Cummer S A. Homogeneous and compact acoustic ground cloaks[J]. Physical Review B, 2011, 83: 224304.

[75] Popa B I, Zigoneanu L, Cummer S A. Experimental acoustic ground cloak in air[J]. Physical Review Letters, 2011, 106: 253901.

[76] Zigoneanu L, Popa B I, Cummer S A. Three-dimensional broadband omnidirectional acoustic ground cloak[J]. Nature Materials, 2014, 13: 352-355.

[77] Zhang S, Xia C, Fang N. Broadband acoustic cloak for ultrasound waves[J]. Physical Review Letters, 2011, 106: 024301.

[78] Norris A N. Acoustic cloaking theory[J]. Proceedings of the Royal Society A, 2008, 464: 2411-2434.

[79] Chen Y, Liu X, Hu G. Latticed pentamode acoustic cloak[J]. Scientific Reports, 2015, 5: 15745.

[80] Li Q, Vipperman J S. Two-dimensional acoustic cloaks of arbitrary shape with layered structure based on transformation acoustics[J]. Applied Physics Letters, 2014, 105: 101906.

[81] Li Q. Design of arbitrarily shaped inertial and three dimensional pentamode acoustic cloaks[D]. Pittsburgh: University of Pittsburgh, 2018.

[82] Chen H, Chan C T. Acoustic cloaking in three dimensions using acoustic metamaterials[J]. Applied Physics Letters, 2007, 91: 183518.

[83] Kushwaha M S, Halevi P, Dobrzynsi L, et al. Acoustic band structure of periodic elastic composites[J]. Physical Review Letters,1993,71(13):2022.

[84] Eichenfield M, Chan J, Camacho R M, et al. Optomechanical crystals[J]. Nature, 2009, 462: 78-82.

[85] Rolland Q, Oudich M, El-Jallal S, et al. Acousto-optic couplings in two-dimensional phoxonic crystal cavities[J]. Applied Physics Letters, 2012, 101: 061109.

[86] Sigalas M M, Economou E N. Elastic and acoustic wave band structure[J]. Journal of Sound and Vibration,1992,158(2): 377.

[87] Martinez-Sala R, Sancho J, Sanchez J V, et al. Sound attenuation b sculpture[J]. Nature, 1995, 378: 241.

[88] Liu Z, Zhang X, Mao Y, et al. locally resonant sonic materials[J]. Science, 2000, 289(5485): 1734-1736.

[89] D'Alessandro L, Belloni E, Ardito R, et al. Modeling and experimental verification of an ultra-wide bandgap in 3D phononic crystal[J]. Applied Physics Letters, 2016, 109: 221907.

[90] Wang K, Liu Y, Yang Q. Tuning of band structures in porous phononic crystals by grading design[J]. Ultrasonics, 2015, 61: 25-32.

[91] Wang K, Liu Y, Liang T. Band structures in Sierpinski triangle fractal porous phononic crystals[J]. Physica B, 2016, 498: 33-42.

[92] Cai C, Guo R, Wang X, et al. Effect of anisotropy on phononic band structure and figure of merit of pentamode metamaterials[J]. Journal of Applied Physics, 2020, 127: 124903.

[93] Cai C, Wang Z, Li Q, et al. Pentamode metamaterials with asymmetric double-cone elements[J]. Journal of Physics D: Applied Physics, 2015, 48: 175103.

[94] Huang Y, Lu X, Liang G, et al. Pentamodal property and acoustic band gaps of pentamode metamaterials with different cross-section shapes[J]. Physics Letters A, 2016, 380: 1334–1338.

[95] Wang Z, Cai C, Li Q, et al. Pentamode metamaterials with tunable acoustics band gaps and large figures of merit[J]. Journal of Applied Physics, 2016, 120: 024903.

[96] Wang Z, Chu Y, Cai C, et al. Composite pentamode metamaterials with low frequency locally resonant Characteristics[J]. Journal of Applied Physics, 2017, 122: 025114.

[97] Li Q, Wu K, Zhang M. Two-dimensional composite acoustic metamaterials of rectangular unit cell from pentamode to band gap[J]. Crystals, 2021, 11: 1457.

[98] Mousanezhad D, Babaee S, Ghosh R, et al. Honeycomb phononic crystals with self-similar hierarchy[J]. Physical Review B, 2015, 92: 104304.

[99] Gere J M. Mechanics of materials (six edition) [M]. Thomson Learning, Inc. 2004.

[100] Lakes R. Foam structures with a negative poisson's ratio[J]. Science, 1987, 235: 1038-1040.

[101] Wang H, Zhang Y, Lin W, et al. A novel two-dimensional mechanical metamaterial with negative Poisson's ratio[J]. Computational Materials Science, 2020, 171: 109232.

[102] Babaee S, Shim J, Weaver J C, et al. 3D soft metamaterials with negative Poisson's ratio[J]. Advanced Materials, 2013, 25: 5044-5049.

[103] Kadic M, Bückmann T, Schittny R, et al. On anisotropic versions of three-dimensional pentamode metamaterials[J]. New Journal of Physics, 2013, 15: 023029.

[104] Milton G W, Cherkaev A V. Which elasticity tensors are realizable [J]. Journat of Engineering Materials and Technology, 1995, 117: 483-493.

[105] Layman C N, Naify C J, Martin T P, et al. Highly anisotropic elements for acoustic pentamode applications[J]. Physical Review Letters, 2013, 111: 024302.

[106] Li Q, Wu K, Zhang M. Theoretical study of two-dimensional pentamode metamaterials with arbitrary primitive cells[J]. Optoelectronics and Advanced Materials–Rapid Communications, 2022, 16(7-8): 380-387.

[107] Dong H W, Zhao S D, Miao X B, et al. Customized broadband pentamode metamaterials by topology optimization[J]. Journal of the Mechanics and Physics of Solids, 2021, 152:104407.

[108] Kadic M, Bückmann T, Stenger N, et al. On the practicability of pentamode mechanical metamaterials[J]. Applied Physics Letters, 2012, 100: 191901.

[109] Martin A, Kadic M, Schittny R, et al. Phonon band structures of three-dimensional pentamode metamaterials[J]. Physical Review B, 2012, 86: 155116.

[110] Huang Y, Lu X, Liang G, et al. Comparative study of the pentamodal property of four potential pentamode microstructures[J]. Journal of Applied Physics, 2017, 121: 125110.

[111] Cessna J B, Bewley T R. Honeycomb-structured computational interconnects and their scalable extension to spherical domains[C]. Proceedings of the 11th international workshop on system level interconnect prediction, 2009.

[112] Li Q, Vipperman J S. Three-dimensional pentamode acoustic metamaterials with hexagonal unit cells[J]. The Journal of the Acoustical Society of America, 2019, 145(3): 1372-1377.

[113] Li Q, Zhang M. Elastic metamaterials of hexagonal unit cells with double-cone arms from pentamode to band gap at low frequencies[J]. Crystals, 2022, 12: 604.

[114] Tian Y, Wei Q, Cheng Y, et al. Broadband manipulation of acoustic wavefronts by pentamode metasurface[J]. Applied Physics Letters, 2015, 107: 221906.

[115] Chu Y, Wang Z, Xu Z. Broadband high-efficiency controllable asymmetric propagation by pentamode acoustic metasurface[J]. Physics Letters A, 2020, 384: 126230.

[116] Sun Z, Jia H, Chen Y, et al. Design of an underwater acoustic bend by pentamode metafluid[J].

The Journal of the Acoustical Society of America, 2018, 143(2): 1029-1034.

[117] Xiao Q J, Wang L, Wu T, et al. Research on layered design of ring-shaped acoustic cloaking using bimode metamaterial[J]. Applied Mechanics and Materials, 2014, 687-691:4399-4404.

[118] Hedayatrasa S, Kersemans M. 3D intra-cellular wave dynamics in a phononic plate with ultra-wide bandgap: attenuation, resonance and mode conversion[J]. Smart Materials and Structures, 2022, 31: 035010.

[119] Su X, Norris A N, Cushing C W, et al. Broadband focusing of underwater sound using a transparent pentamode lens[J]. The Journal of the Acoustical Society of America, 2017, 141(6): 4408-4417.

[120] Zhao A, Zhao Z, Zhang X, et al. Design and experimental verification of a water-like pentamode material[J]. Applied Physics Letters, 2017, 110: 011907.

[121] Chen Y, Zheng M, Liu X, et al. Broadband solid cloak for underwater acoustics[J]. Physical Review B, 2017, 95: 180104(R).

[122] Gerard N J, Oudich M, Xu Z, et al. Three-dimensional trampolinelike behavior in an ultralight elastic metamaterial[J]. Physical Review Applied, 2021, 16: 024015.

[123] Zhang L, Song B, Liu R, et al. Effects of structural parameters on the poisson's ratio and compressive modulus of 2d pentamode structures fabricated by selective laser melting[J]. Engineering, 2020, 6(1):56-67.

[124] Hedayati R, Leeflang A M, Zadpoor A A. Additively manufactured metallic pentamode meta-materials[J]. Applied Physics Letters, 2017, 110: 091905.

[125] Amendola A, Smith C J, Goodall R, et al. Experimental response of additively manufactured metallic pentamode materials confined between stiffening plates[J]. Composite Structures, 2016, 142: 254-262.

[126] Cantrell J, Rohde S, Damiani D, et al. Experimental characterization of the mechanical properties of 3D-printed ABS and polycarbonate parts[J]. Rapid Prototyping Journal, 2017, 23(4): 811-824.

[127] Garcia C R, Correa J, Espalin D, et al. 3D printing of anisotropic metamaterials[J]. Progress In Electromagnetics Research Letters, 2012, 34: 75-82.

[128] Mohammadi K, Movahhedy M R, Shishkovsky I, et al. Hybrid anisotropic pentamode mechanical metamaterial produced by additive manufacturing technique[J]. Applied Physics Letters, 2020, 117: 061901.